KB179402

물리 화학 법칙
미술관

ⓒ 지브레인 과학기획팀 · 김용희, 2019

초판 1쇄 인쇄일 2019년 3월 22일
초판 1쇄 발행일 2019년 4월 3일

기획 지브레인 과학기획팀 **지은이** 김용희
펴낸이 김지영 **펴낸곳** 지브레인^{Gbrain}
편집 김현주
마케팅 조명구   **제작 · 관리** 김동영

출판등록 2001년 7월 3일 제2005-000022호
주소 04021 서울시 마포구 월드컵로7길 88 2층
전화 (02)2648-7224   **팩스** (02)2654-7696

ISBN 978-89-5979-604-5 (03400)

물리
화학
법칙
미술관

지브레인 과학기획팀 기획

김용희 지음

우리 생활의 모든 사물들이 네트워크로 연결되고 인공지능이
스스로 학습하여 모든 일을 처리하고 우리의 행동들이 쌓인 빅
데이터를 기반으로 정보를 처리하는 사물인터넷과 인공 지능의
시대가 시작되고 있다. 이를 4차 산업혁명시대라고 한다.

이러한 4차 산업혁명을 이끄는 선도 기술은 물리학과 디지털,
생물학 등을 기반으로 한 무수한 과학법칙들이 다양하게 응용
된 기술이다.

그중 4차 산업혁명의 혁신 기술이라는 나노기술은 아인슈타
인의 광양자설, 하이젠베르크의 불확정성 원리, 슈뢰딩거 방정
식과 같이 여러 법칙이 모여서 만들어진 양자역학적 지식을 이
용한다.

양자물리학을 통해 컴퓨터, 태양 전지, MRI, 반도체 등이 만
들어졌고 아인슈타인의 질량–에너지 등가원리는 원자폭탄과
원자력 발전을 가능하도록 했고 핵융합에너지나 수소 연료 전
지 같은 신재생에너지 시대를 열어주었다.

상대성이론를 통해서 GPS 위성은 정확도를 유지할 수 있고

블랙홀, 웜홀 등을 통한 시공간 이동을 생각할 수 있게 되었다.

전기를 무선으로 전송하는 무선 전기 송신이나 코일건, 레일건 같은 최첨단 무기 등은 패러데이의 전자기 유도현상과 로렌츠의 힘, 맥스웰의 방정식 등의 원리를 통해 만들어지고 있다.

산업혁명은 과학 기술의 발전이 산업과 접목되면서 사회, 경제적으로 엄청난 변화가 일어나는 것을 말한다. 증기 기관 발명으로 기계에 의한 생산이 가능해진 제1차 산업혁명, 전기에너지를 이용한 대량 생산을 가져온 제2차 산업혁명, 컴퓨터와 인터넷, 반도체 등 정보통신기술을 통한 생산자동화를 이끈 제3차 산업혁명의 시대를 우리는 거쳐왔다. 증기 기관은 열역학 법칙과 뉴턴의 운동법칙, 보일과 샤를의 법칙 등을 응용하여 만들어졌다. 앙페르 법칙과 패러데이의 전자기 유도 현상, 맥스웰의 방정식 등을 통한 전자기의 발전은 전기에너지를 우리 생활에 사용할 수 있게 했다. 주기율표와 아보가드로의 법칙을 이용하여 새로운 원소들을 발견하고 그 성질을 이용하여 생활에 필요한 여러 가지 물건들을 만들어냈다. 전자기 현상을 이용한 전자제품의 발달과 양자역학의 접목으로 컴퓨터와 인터넷이 우리 생활 속에 자리를 잡았다.

이처럼 새로운 과학 법칙의 발견이나 기존 연구된 내용들을 통합하면서 과학 기술이 발전할 때 우리 사회에 놀라운 변화가 일어나는 것이다.

과학 수업 시간에 지루하게 느꼈던 자연과학 법칙 하나하나가 모여서 우리의 사회, 경제, 문화를 혁신적으로 바꾸어놓았다. 자연과학 법칙들이 발견되고 연구되면서 인간의 삶은 편리하고 풍요로워졌다.

앞으로의 시대는 이러한 자연과학의 법칙들이 더 중요하다. 그동안 연구되어진 여러 분야의 자연과학 법칙들이 서로 융합되면서 진화하여 미래 사회의 변화를 주도하게 될 것이기 때문이다.

이 책에서는 이러한 자연과학의 법칙들 중에서 인류사에 중요한 물리화학법칙들을 가벼운 마음으로 쉽게 접할 수 있도록 했다. 물론 꼭 필요한 내용은 짚고 넘어갈 수 있도록 개념을 설명했으며 우리 삶에서 이러한 법칙들이 어떻게 이용되고 있는지도 알아보았다.

과학자들의 삶과 업적에 대한 이야기와 법칙을 이해할 수 있도록 실험을 통한 원리와 개념에 대해 설명했다. 실생활에서 이러한 법칙들이 어떻게 사용되었는지 확인하면서 여러분은 주변에 있는 여러 가지 사물에 대한 시선이 달라질 수도 있다. '여기에 이 법칙이 쓰였구나'를 인식하게 되면 과학이 좀 더 흥미로워질 것이다.

4차 산업혁명시대를 살아가기 위해 우리에겐 창조적인 사고 방식과 핵심기술에 대한 이해가 필요하다. 지식보다 중요한 것은 상상력이라고 한 아인슈타인의 말처럼 여러분들도 이 책에 나오는 많은 물리화학법칙들을 통해 지식을 쌓고 그걸 토대로 창조적이고 다양한 상상을 해볼 수 있기를 바란다.

CONTENTS

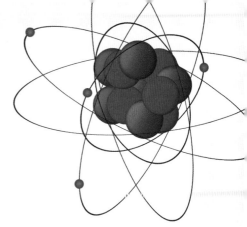

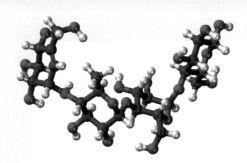

아인슈타인의 상대성원리

$$E = mc^2$$

물리법칙은 모든 관성계에서 같다.

특수상대성원리

모든 관성계에서 진공에서의 빛은 광원의 운동과
관계없이 모든 방향으로 같은 속도로 전파된다.

광속의 불변성

가속도와 중력의 영향은 같고 중력이 크면
시공간이 크게 휘어진다.

일반상대성원리

아인슈타인의 상대성이론은 절대 적이라고 믿었던 시간과 공간에 대 한 개념을 바꿔놓았다. 4차원 시공 간에서 과거와 미래로 움직이는 타 임머신에 대한 연구를 시작하게 했 으며 철학과 예술에도 많은 영향을 끼쳤다. 또한 인류의 생활에도 편리 함과 극도의 위험을 선물했다. 인류 를 위협하는 핵폭탄이 개발되었고

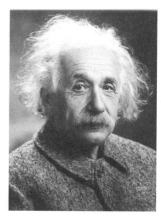

아인슈타인.

타임머신은 영화의 흥미로운 소재로 끝날지 현실에서도 일어날 수 있을지는 아직 모른다.

한편으로 인류를 편하게 하는 원자력 발전과 핵에너지도 개발되었다.

특수상대성이론에서 만들어진 질량−에너지 등가 원리가 에너지 고갈시대를 맞이한 인류에게 핵에너지를 선물한 것이다.

원자력 발전은 명과 암이 분명하다. 그리고 고에너지를 선물할 수도 있고 긴 시간 인류를 괴롭힐 수도 있다.

아인슈타인의 상대성원리가 나오기 전까지 과학자들은 빛이 파동으로 가상의 에테르를 매질 삼아 우주 공간을 이동한다고 생각했다. 마이컬슨과 몰리는 마이컬슨 간섭계를 이용하여 지구의 운동 방향으로 진행하는 빛과 그 수직으로 진행하는 빛의 속도 차이를 측정하여 에테르의 존재를 확인하려 했다. 에테르가 있으면 속도 차이가 날 것이기 때문이다.

그러나 빛의 속도에 차이가 없었다. 마이컬슨은 결과가 뉴턴의 고전역학에 맞지 않았기 때문에 실험이 실패했다고 생각했다.

다른 과학자들이 위치와 계절을 다르게 하면서 빛의 속도 실험을 해도 결과는 같았다. 아인슈타인은 빛을 에너지를 가진 입자라고 생각했고 빛의 속도가 어디서 관측하든지 같다는 결과를 토대로 특수상대성이론을 생각해낸다. 그리고 몇 년 후 중력까지 고려하여 일반상대성이론을 발표한다.

아인슈타인은 시간과 길이, 질량과 에너지에 대한 생각을 바꿔놓았다. 3차원의 공간에 시간까지 더한 4차원의 시공간을 제안했다.

관성계에서 물리법칙이 적용되고 빛의 속도가 일정하다는 가설 하에 관측자에 따른 물체의 운동을 설명한 것이 특수상대성이론이다.

빛의 속도가 일정하다면 시간과 공간이 상대적으로 변해야 한다. 속도는 시간과 거리의 곱이기 때문에 속도에 따라 시간과 거리가 달라진다. 결과적으로 물체가 빛처럼 빠른 속도로 움직이면 시간은 느려지고 길이는 수축해야 하며 질량은 증가해야 한다.

시간이 관측자에 대하여 상대적이면 어떤 일이 일어날까? 한 명의 관찰자에게 동시에 일어나는 다른 위치의 사건들이 다른 관찰자의 눈에는 서로 다른 순간에 일어나는 것처럼 보일 수 있다.

아인슈타인은 움직이고 있는 곳의 시계는 멈춰 있는 곳에 있는 시계보다 느리게 간다고 생각했다.

1971년 제트 비행기 안에 원자시계를 넣고 지상에 있는 원자시계의 시간과 비교해보니 날아가는 제트 비행기 안에 있는 원자시계의 시간이 지구에 있는 원자시계의 시간보다 조금 느려졌다. 아인슈타인의 예측이 맞았던 것이다.

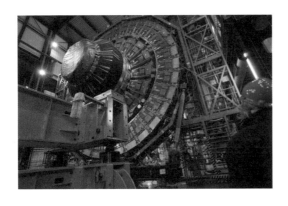

전 세계 7000여 명의 과학자들은 CERN의 대형 강입자 충돌기를 이용해 암흑물질, 초대칭의 존재 등을 연구하고 있다.

지표면에 있는 뮤온을 통해서도 길이 수축과 시간 지연을 확인할 수 있다. 뮤온은 대기 상층부에서 우주 복사선과 대기 중 공기 입자가 충돌하여 만들어진다. 뮤온은 거의 광속으로 운동하다가 2.2마이크로초만에 붕괴한다. 약 600m 정도밖에 움직이시 못아는 것이나. 그런데 이 뮤온이 10km 상공에서 지표면까지 도달한다. 어떻게 된 일일까? 뮤온 입장에서는 이동한 거리가 줄어들었고 관찰자의 입장에서는 뮤온의 수명이 길어진 것이다.

아인슈타인은 물체의 질량은 속도가 빨라질수록 커진다고 생각했는데 이는 질량 분석기를 통해 빠르게 운동하는 전자를 측정하는 실험으로 증명되었다.

물체가 거의 빛의 속도에 가까워지면 어떻게 될까? 질량이 엄청나게 증가하게 된다. 여기서 물리학의 가장 유명한 공식인 $E=mc^2$ (E는 에너지, m은 질량, c는 빛의 속도)이 만들어졌다. 질량은 곧 에너지와 같다는 질량과 에너지 등가 원리이다.

아인슈타인 이전에는 질량과 에너지를 각각 생각해서 질량 보존의 법칙과 에너지 보존의 법칙이 따로 성립했다. 그런데 아인슈타인을 통해서 질량과 에너지가 결합되면서 질량−에너지 보존 법칙이 되었다.

화학반응과 핵반응에서 생성물의 질량은 반응물의 질량의 합보다 조금 많거나 적다. 화학 반응에서의 이 질량 차이는 너무 작아서 질량보존의 법칙이 성립하는 것처럼 보인다. 그러나 핵반응에서는 이 질량 차이를 무시할 수 없다. 원자핵의 질량은 원자핵을 이루는 양성자와 중성자의 질량의 합보다 작다. 이 질량 차이는 원자핵이 만들어질 때 중성자와 양성자의 결합에너지로 전환된다. 1932년 코크로프트와 월턴은 실험을 통해서 질량과 에너지 등가 원리를 증명해냈다.

c^2은 워낙 큰 값이기 때문에 적은 양의 질량을 에너지로 바꾸어도 아주 큰 에너지를 얻을 수 있다. 태양이 빛과 열을 내는 반응이 대표적인 예라고 할 수 있다.

수소가 핵융합반응을 거쳐 헬륨으로 바뀌면서 줄어든 질량만큼 에너지로 바뀌어 태양계로 전달되는 빛과 열이 되는 것이다. 태양과 스스로 빛을 내는 별들 모두 핵융합반응을 통해 빛을 낸다.

또 다른 예로 2차 세계대전 당시 일본에 떨어진 원자폭탄을 들 수 있다. 핵분열이 일어나면서 결손된 질량이 에너지로 바뀌어 수십만 명의 생명을 앗아가 버렸다.

질량 에너지 변환은 일상생활에서는 보기 드물고 별의 내부, 핵분열 등 특정조건에서 일어난다.

특수상대성이론은 물체의 속도가 변하지 않는 경우에만 적용된다. 특히 빛과 같이 빠르게 움직이고 있는 물체에 대한 내용이다. 속도가 변하는 경우에는 특수상대성이론이 적용되지 않는다. 이때 적용되는 것은 일반상대성이론이다. 속도가 변하려면 힘이 작용해야 한다. 아인슈타인은 낙하운동을 통해 물체에 작용하는 힘인 중력에 대해 고민했다.

  일반상대성이론은 천체들 사이에 작용하는 중력이 우주 공간을 어떻게 만드는가에 대한 이론이라 할 수 있다. 아인슈타인은 중력에 의해 물체가 움직이는 이유는 물체의 질량에 의해 시공

Abell 1689라고 불리는 은하 크러스터 중 하나의 중심에서 발견한 중력렌즈.
2002년 6월 허블이 Abell 1689를 가시광선과 근적외선으로 찍어 합성한 이미지로 중력이 공간을 비틀고 빛의 광선을 왜곡한다는 아인슈타인의 예측을 증명했다.
중력렌즈 효과를 더 잘 확인하기 위해 나사에서 수정한 이미지이다.

아인슈타인이 70여 년 전에 이미 예견한 중력렌즈로 그래서 이름도 아인슈타인링으로 불린다.

간이 휘어졌기 때문이라고 생각했다. 물체의 질량이 아주 크면 그 주위의 시공간도 많이 휘어지게 된다. 그래서 태양과 같이 질량이 큰 물체 주위의 시공간이 휘어 있어서 빛이 휘어져 진행할 것이라고 예상했던 것이다.

영국의 천문학자인 에딩턴이 1919년 3월 29일에 있었던 개기일식을 관측하면서 태양 근처를 지나는 별빛이 휘어진다는 것을 확인했다. 은하가 많이 모인 은하단은 중력이 커서 주위의 시공간이 강하게 휘기 때문에 천체의 빛도 더 강하게 휘게 만드는 렌즈 역할을 하는 데 이것을 중력렌즈라고 한다.

초신성 폭발로 생긴 중성자별인 이중 펄서 주위에도 시공간이

블랙홀.

강하게 휘어 있다. 이 이중 펄서의 궤도는 일반상대성이론으로 계산이 가능하다.

아인슈타인은 중력파의 존재도 예견했는데 2015년 9월에 미국의 레이저 간섭계 중력파 관측소에서 두 블랙홀이 충돌, 합병하면서 발생한 중력파를 잡아내 검출하는 데 성공했다.

독일의 천문학자인 카를 슈바르츠실트는 상대성이론을 통해 블랙홀의 존재를 발견했고 이는 우주 연구에 커다란 영향을 끼쳤다.

보일의 법칙

온도가 일정할 때,
기체의 부피는 압력에 반비례한다.

$$압력(P) \times 부피(V) = 일정$$

로버트 보일 Robert Boyle

과학적 실증주의를 신봉한 아일랜드의 화학자, 물리학자. 대표적 저서인《회의적 화학자》에 화학의 실험적 방법과 입자철학을 소개해 근대화학의 시작을 알렸다.

로버트 보일.

보일의 법칙은 일정한 온도에서 기체를 압축하면 그 부피는 작아진다는 것을 물리학적으로 정리한 이론으로, 기체의 압력과 부피의 상관관계를 증명했다. 500여 년 전에 발표된 이 이론은 4차혁명 시대로 들어선 지금도 우리 실생활에서 많이 사용되고 있다.

축구공, 배구공, 농구공, 야구공 등 수많은 공들에 보일의 법칙이 적용되었고 풍선, 비행선 등에서도 보일의 법칙을 찾아볼 수 있다. 자전거 바퀴, 자동차 바퀴 등 운송에 쓰이는 타이어 역시 압축된 공기를 주입시켜 갖게 된 팽창력을 응용한 것이다.

뿐만 아니라 자동차 엔진을 만드는 데에도 보일의 법칙은 중요한 역할을 하고 있다.

자동차 엔진.

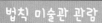

보일의 법칙을 확인할 수 있는 실험은 다음과 같다.

아래 그림처럼 밀폐용기에 추를 하나씩 올려보자. 기체의 부피
가 점점 줄어드는 것을 볼 수 있을 것이다.

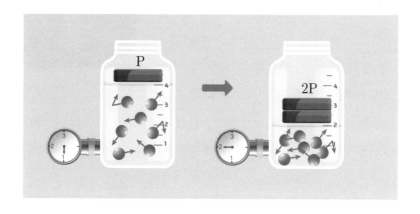

이 실험 결과를 그래프로 나타내면 다음과 같다.

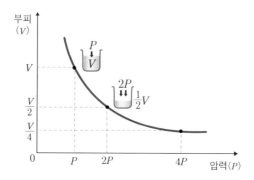

추의 무게가 2배로 증가하면 기체의 부피가 $\frac{1}{2}$로 줄어든다. 외부의 압력에 반비례해서 기체의 부피가 변하는 것이다. 그렇다면 밀폐용기 안에 있는 기체의 압력은 어떻게 될까? 기체의 압력은 기체 분자가 운동하면서 용기의 벽면에 충돌하는 힘에 의해 생긴다. 기체 분자의 충돌이 많아질수록 기체의 압력은 커신다. 온도가 일정하면 기체 분자의 운동 속도는 변하지 않는다. 용기 외부의 압력이 2배 증가하면 기체의 부피가 $\frac{1}{2}$로 줄어들면서 기체 분자가 움직이는 공간이 작아진다. 좁아진 공간 속에서 일정하게 움직이는 기체 분자들 사이는 가까워지고 이로 인해 충돌 횟수가 2배로 증가한다. 따라서 기체의 압력이 2배로 증가하게 된다.

이를 풍선으로 확인해볼 수 있다.

공기보다 가벼운 기체가 들어 있는 풍선을 놓치면 풍선은 하늘 높이 날아간다. 하늘 높이 올라간 풍선은 펑 터지게 된다. 왜냐하면 풍선 내부 압력은 그대로인데 하늘 높이 올라갈수록 풍선 외부의 압력이 작아지기 때문이다. 이로 인해 풍선은

날아가는 풍선.

상대적으로 증가한 내부 압력을 견디지 못해서 터지게 된다.

수압에 의해서도 기체의 부피는 달라진다. 잠수부가 뿜어낸 공기방울은 수면으로 올라올수록 점점 크기가 커진다. 이는 수면으로 올라올수록 수압이 약해지기 때문에 공기방울의 부피가 커져 일어나는 현상이다.

축구공과 타이어를 채우는 압축공기에서도 보일의 법칙을 확인할 수 있다.

잠수부가 뿜어낸 공기방울은 수면으로 올라갈수록 크기가 커진다.

샤를의 법칙

압력이 일정할 때,
온도가 높아지면 기체의
부피는 일정하게 늘어난다.

(기체의 종류와는 관계없다)

$$V_t = V_0\left(1 + \frac{t}{273}\right)$$

(V_0: 0℃ 때의 부피, V_t: t℃ 때의 부피)

무더운 여름날에는 타이어가 갑자기 터지는 경우가 있다. 타이어의 공기압을 최대한 넣고 달렸기 때문이다.

타이어 속의 기체는 자동차가 달리면서 발생하는 마찰열 때문에 부피가 증가한다. 공기압을 최대로 넣으면 타이어는 팽팽해지다가 결국에는 터지게 된

무더운 여름에는 타이어의 공기압을 80% 선으로 유지하는 것이 좋다.

다. 그래서 여름에는 타이어의 공기압을 80% 정도만 넣어야 한다. 이것이 샤를의 법칙이 적용된 예이다.

샤를의 법칙이 적용되는 예는 우리 일상생활에서 얼마든지 찾아볼 수 있다. 열기구를 타고 하늘로 올라갈 수 있는 것도 공기의 부피가 열을 받아 커지기 때문이다. 열기구 속의 기체가 열을 받아서 부피가 커지면 밀도가 낮아져서 주변 공기보다 가벼워진다. 전자렌지로 포장음식을 데울 때 꼭 뜯어서 넣어야 하는 이유도 여

기에 있다. 칼집을 넣지 않고 데우면 포장 안에 있는 기체의 부피가 커져서 포장이 터지게 된다. 달걀을 전자렌지에 돌리면 달걀이 폭발하는 것을 경험하게 될 것이다. 이 또한 샤를의 법칙이 적용되는 예이다.

열기구 속 공기를 팽창시키고 있다.

샤를의 법칙을 확인할 수 있는 실험은 다음과 같다.

그림처럼 공기가 들어 있는 밀폐된 용기를 가열하면 기체의 부피가 일정하게 증가하는 것을 볼 수 있다.

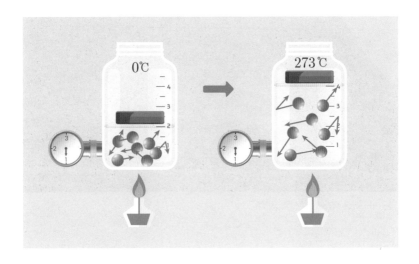

실험 결과를 그래프로 나타내면 다음과 같다.

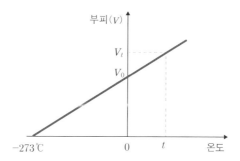

기체의 부피는 온도가 $1℃$ 오를 때마다 $0℃$때 부피의 약 $\dfrac{1}{273}$ 만큼씩 늘어난다.

온도를 $0℃$에서 $273℃$로 올리면 기체의 부피가 처음 부피의 2 배로 증가한다. 외부의 압력은 일정한 상태에서 온도가 변하면 기체 분자의 운동 속도가 변한다. 온도가 올라가면 기체 분자의 운동 속도도 빨라지고 온도가 내려가면 기체 분자의 운동 속도는 느려진다. 기체 분자의 운동 속도가 빨라지면 움직이는 범위도 넓어지고 용기 벽면에 부딪히는 힘도 커진다. 그래서 기체의 부피가 증가하게 된다.

그렇다면 부피가 일정할 때 온도와 압력은 어떤 관계를 가질까?

게이뤼삭이 실험을 통해 확인한 바에 따르면 부피가 일정할 때 기체의 온도와 압력은 비례한다. 일정한 부피 안에서 온도가 증가하면 기체 분자의 운동이 빨라져서 압력도 증가하게 되기 때문이다.

게이뤼삭의
기체반응의 법칙

같은 온도와 같은 압력 상태에서
두 종류 이상의 기체끼리 화학반응이 일어날 때,
반응하는 기체의 부피와 생성되는
기체의 부피 사이에 간단한 정수비가 성립한다.

게이뤼삭의 기체반응의 법칙은 실량보존의 법칙과 일정성분비의 법칙을 설명하기 위해 돌턴이 제시한 원자설에 모순을 발생시킨다. 원자 모형으로 기체반응의 법칙을 설명하게 되면 더 이상 쪼갤 수 없는 입자인 원자를 쪼개야 하는 어처구니 없는 일이 벌어지기 때문이다.

게이뤼삭.

이 모순을 없애기 위해 아보가드로는 물질의 성질을 가지는 최소 단위는 분자이고 기체가 온도와 압력이 같은 상태에서 일정한 부피를 가졌다면 기체 종류에 상관없이 같은 개수의 분자를 가진다는 분자론을 제시했다.

게이뤼삭의 풍선 실험

게이뤼삭의 기체반응의 법칙은 물을 분해하고 합성하는 실험을 통해 증명할 수 있다.

예를 들어 2L의 물을 분해하면 2L 수소와 1L 산소로 나누어진다. 이때 생성된 수소 기체와 산소 기체의 부피는 2:1이다.

2L 물	=	2L 수소	+	1L 산소
2	=	2	:	1

$$2H_2O = 2H_2 + O_2$$

수소와 산소를 합성하여 물을 만들어 보면 반응한 수소 기체와 산소 기체의 부피 사이에도 2:1의 부피 비가 성립한다.

2L 수소	+	1L 산소	=	2L 수증기
2	:	1	=	2

$$2H_2 + O_2 = 2H_2O$$

다른 기체로도 실험해보자.

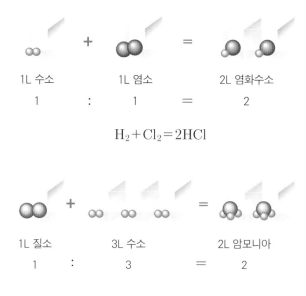

1L 수소   1L 염소   2L 염화수소

1   :   1   =   2

$$H_2 + Cl_2 = 2HCl$$

1L 질소   3L 수소   2L 암모니아

1   :   3   =   2

$$N_2 + 3H_2 = 2NH_3$$

반응하는 기체의 부피와 생성되는 기체의 부피 사이에 항상 일정한 정수비가 성립됨을 알 수 있다.

라부아지에의
질량보존의 법칙

물질이 화학 변화를 하거나
상태 변화를 할 때,
반응하기 전 물질의 총질량과
반응 후 물질의 총질량이 같다.

  실생활 속에서 질량보존의 법칙은 어떻게 이용되고 있을까? 예를 들어 빵을 만들거나 자동차를 움직일 때도 질량보존의 법칙이 적용된다.

  빵을 만드는 데 들어간 재료의 질량과 만들어진 빵의 질량은 비슷하다. 자동차를 운행할 때도 자동차 연료의 양과 공급된 산소의 양을 더하면 배기가스의 질량이 된다. 하지만 100% 완벽하게 질량이 보존되지는 않는다. 왜냐하면 아주 작은 일부는 에너지라는 형태로 사용되기 때문이다.

빵을 만드는 데 들어간 재료의 질량과 만들어진 빵의 질량은 거의 같다.

  그중에서도 핵반응의 경우에는 질량보존의 법칙이 성립하지 않는다. 핵에너지와 방사능 등으로 많은 에너지가 들어오거나 나가면서 질량이 변화할 수 있다. 아인슈타인의 특수상대성이론에 따르면 질량이 에너지로 변환할 수도 있기 때문이다.

자동차 운행에서도 자동차 연료의 양과 공급된 산소의 양을 더하면 배기가스의 질량이 된다.

라부아지에는 밀폐된 용기 안에서의 연소 실험을 통해 질량보존의 법칙을 발표했다. 라부아지에의 실험에 대해 알아보자.

공기의 양과 수은의 무게를 재고 밀폐된 유리병에 넣은 후 가열한다. 식힌 후 다시 측정하니 공기의 양은 줄어들고 수은의 무게는 늘어나 있었다.

수은의 산화된 부분을 긁어서 다시 가열하면 기체로 변하는데 이 기체의 양은 앞에서 줄어든 공기의 양과 거의 비슷하다.

수은 대신 주석으로 실험해도 결과는 같다. 이렇게 물질의 총

파리 국립 기술공예 박물관에 전시된 라부아지에의 실험실.

질량이 변하지 않는 것은 반응 전후의 물질을 이루는 원자 종류와 개수는 변하지 않기 때문이다.

이와 같은 질량보존의 법칙은 소금을 물에 녹여서 직접 확인해볼 수 있다.

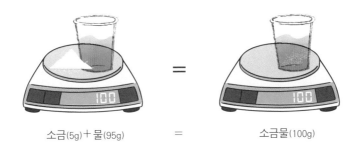

소금(5g)＋물(95g)　　＝　　소금물(100g)

$$소금(5g) + 물\ (95g) = 소금물(100g)$$

이 소금물을 끓여서 물을 없애면 다시 소금 5g을 얻을 수 있다.

아보가드로의 법칙

모든 기체는 온도와 압력이 같을 때,
같은 부피 속에는 같은 수의 입자를 가진다.

1811년 아보가느로는 '온도와 압력이 같으면, 모든 기체는 같은 부피 속에 같은 수의 분자를 가지게 된다'고 제안했다.

아보가드로가 기체반응의 법칙을 설명하기 위해 도입한 이와 같은 가설은 나중에 기체의 입자가 분자로 밝혀짐에 따라 법칙으로 인정받게 되었다.

그가 만든 아보가드로의 수는 몰수라는 개념을 만들어 매우 작은 입자인 원자를 낱개 단위 대신 묶음 단위로 바꿀 수 있도록 함으로써 계산이 편리해지면서 화학 발전에 크게 기여했다.

아보가드로의 법칙은 현대 사회에서도 유용하게 쓰이고 있다.

금속에 적용되어 금속의 원자량을 구하는데 응용되고 정확한 원자량이나 화학식, 원소의 주기율표를 만드는 데에도 활용된다.

이처럼 화학 분야에 큰 기여를 하고 있지만 당시 돌턴은 기체 반응의 법칙이나 아보가드로의 법칙을 인정하지 않았다고 한다.

기체반응의 법칙에서 반응하는 기체의 부피비는 일정한 정수비를 가진다. 그렇다면 그 기체의 입자수는 어떨까?

부피를 입자의 수로 생각하면 반응하는 기체의 입자수비도 일정한 정수비를 가지게 된다. 하지만 다음 원자 모형으로는 이를 설명할 수 없다.

원자 모형

수소   산소   수증기

그래서 아보가드로는 원자가 둘 이상 붙어 있는 분자라는 개념을 제시한다. 물질의 성질을 가진 가장 작은 단위인 분자를 이용하면 원자가 쪼개지는 모순 없이 기체반응의 법칙을 설명할 수 있다.

분자 모형

수소   산소   수증기

이를 분자식으로 나타내면 $2H_2 + O_2 = 2H_2O$이다.

기체 분자를 세는 단위는 몰^{mol}이라 하며 1몰에 들어 있는 분자의 수는 (소수점 넷째 자리에서 반올림하면) 6.022×10^{23}개로 아보가드로수로 부른다.

$$N_A = 6.022 \times 10^{23}$$

돌턴의 원자론

① 모든 물질은 더 이상 쪼갤 수 없는 입자인 원자
로 되어 있다.

② 같은 원소의 원자는 크기와 질량 및 성질이 같고
다른 원소의 원자는 크기와 질량 및 성질이 다르다.

③ 화학반응에서 원자는 자리만 바꾸면서 재배열될
뿐 없어지거나 다른 원소로 바뀌지 않는다.

④ 화합물은 여러 종류의 원자가 일정한 비율로 결
합하여 만들어진다.

① 모든 물질은 더 이상 쪼갤 수 없는 입자인 원자로 되어 있다.

쪼개지지 않는다

② 같은 원소의 원자는 크기와 질량 및 성질이 같고 다른 원소의 원자는 크기와 질량 및 성질이 다르다.

③ 화학반응에서 원자는 자리만 바꾸면서 재배열될 뿐 없어지거나 다른 원소로 바뀌지 않는다.

변하지 않는다   없어지지 않는다

④ 화합물은 여러 종류의 원자가 일정한 비율로 결합하여 만들어진다.

수소   염소   염화수소

과학은 자연현상 등 실제로 일어나는 일을 설명하기 위한 학문이다. 그래서 그 현상을 설명하기 위한 이론들이 끊임없이 나오고 여러 가지 실험을 통해 이의 제기와 수정을 거쳐 발전해나간다.

돌턴.

돌턴은 질량보존의 법칙, 일정성분비의 법칙, 배수비례의 법칙을 설명하기 위해 원자 모형을 제시했다. 그리고 이런 돌턴의 원자론은 원자, 분자, 원자 구조, 원소 등에 대한 연구의 다양화를 발전시키는 촉매제가 되어 과학사에 큰 의미를 남기게 되었다.

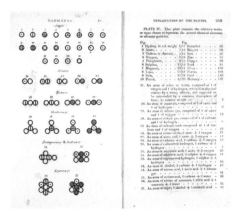

1808년 존 돌턴(John Dalton)은 저서 《화학 철학의 새로운 시스템 (New System of Chemical Philosophy)》에서 과학 실험에 기초한 원자 이론을 제안했다.

그리스 시대 데모크리토스가 주창한 원자론의 개념을 돌턴이 실험적 근거를 가지고 다시 제안했다.

돌턴의 원자론은 실험을 통해 입증한 질량보존의 법칙과 일정 성분비의 법칙, 배수비례의 법칙을 잘 설명한다.

수소와 산소가 결합하여 물을 만드는 실험을 통해 설명하면 다음과 같다.

수소　　산소　　물

○　○　＋　○　＝　○○

2　　　16　　　18

수소와 산소가 만나서 물이 될 때 총질량도 변함이 없으므로 질량보존의 법칙이 성립하고 수소 2개와 산소 1개가 만나 물을 이루었으므로 일정성분비도 성립한다.

하지만 뒤이어진 여러 실험과 연구를 통해서 돌턴의 원자론의 모순이 발견되었다.

① 모든 물질은 더 이상 쪼갤 수 없는 입자인 원자로 되어 있다.

　－원자는 양성자, 중성자, 전자로 쪼개진다. 그렇지만 화학

반응에 참여하는 가장 작은 입자는 원자이다.

② 같은 원소의 원자는 크기와 질량 및 성질이 같고

　－동위원소 발견으로 같은 원소라도 질량이 다르다

　　다른 원소의 원자는 크기와 질량 및 성질이 다르다.

　－동중원소 발견으로 다른 원소여도 질량은 같을 수 있다.

③ 화학반응에서 원자는 자리만 바꾸면서 재배열되고 없어지거나 다른 원소로 바뀌지 않는다.

　－수소 핵융합으로 헬륨원소가 만들어진다.

④ 화합물은 여러 종류의 원자가 일정한 비율로 결합하여 만들어진다.

　－베르톨라이드 화합물은 질량비가 일정하지 않다.

파스칼의 원리

물이나 공기 같은 유체가
밀폐용기 안에 있을 때
한 곳에 압력을 가하면
모든 방향으로 같은 힘의 압력이 작용한다.

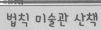

파스칼의 원리는 우리 삶을 어떻게 변화시켰을까?

과학자들은 파스칼의 원리를 응용해 유압 장치를 만들었다. 유압장치는 액체가 담긴 직경이 다른 두 개의 관을 연결한 장치로, 직경이 좁은 관에 힘을 가하면 직경이 넓은 쪽 관에 힘이 작용하도록 만든 장치이다. 직경이 좁은 관에 힘을 가하는 거리를 길게 하면 파스칼 원리에 의해 작은 힘으로도 넓은 쪽 관에 큰 힘을 가할 수 있다. 이를 응용한 것 중에는 달리는 자동차를 브레이크 페달만 밟으면 멈출 수 있게 하는 유압 장치가 있다. 또 지하철 문을 열고 닫는 것과 소스통을 누르면 소스가 밀려나오는 것, 그리고 자동차 정비소에서 자동차를 들어올리는 리프트에도 파스칼의 원리가 이용되고 있다.

파스칼의 원리가 이용되고 있는 지하철 개폐문.

파스칼의 원리를 직접 확인하고 싶다면 넓은 부분 풍선을 손가락으로 눌러보자. 그러면 눌린 부분을 제외한 나머지 부분이 그만큼 부풀어 오른다. 손가락으로 누른 압력만큼 풍선의 다른 부분에 압력이 가해졌기 때문이다.

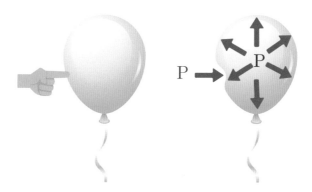

비누거품으로 비누방울을 불어보자. 비누방울이 둥글게 부풀어 오르는 걸 볼 수 있다. 왜 둥글게 부풀어 오를까? 불어놓은 공기의 압력이

비누거품을 불면 비누방울이 생긴다.

사방으로 같은 힘으로 작용하기 때문이다.

연결된 주사기 2개로도 이를 확인할 수 있다.

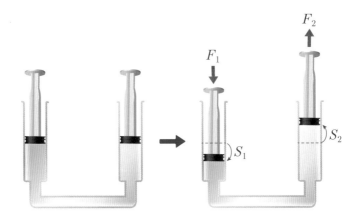

똑같은 주사기 2개를 연결한 후 한쪽 주사기 피스톤을 밀어보자. 반대쪽 주사기의 피스톤이 밀어낸 주사기와 같은 양의 힘을 받아 같은 거리만큼 밀려나간다.

프루스트의
일정성분비의 법칙
(정비례의 법칙)

화합물을 구성하는 구성 원소들의
질량비는 항상 일정하다

조제프 프루스트 Joseph Louis Proust

프랑스의 화학자. 그는 화학 반응에 대한 '일정성분비의 법칙'을 제안해 화학발전에 이바지했다. 또한 벌꿀과 동일한 성분비를 가진 결정 포도당을 만들었으며 류신의 분해를 비롯해 발효 등을 연구했다.

당시 그의 친구였던 화학자인 베르톨레는 특별한 경우에만 프루스트의 제안이 성립할 뿐 시료의 분량과 만드는 방법에 따라 달라진다고 이를 반대했다. 후에 대부분의 화합물은 프루스트의 일정성분비의 법칙이 적용되지만 결정형 무기 화합물의 경우 적용되지 않을 수도 있어 이를 베르톨라이드 화합물이라고 부르고 있다.

원소들은 어떤 식으로 결합하여 화합물을 만들까? 프루스트의 실험을 통해 알아보자.

탄산구리 화합물을 각각의 구성 원소인 탄소와 구리, 산소로 분리한 후 각각의 무게를 재어 본다. 구리, 산소, 탄소의 무게비는 5:4:1이 나온다. 계속해서 자연 탄산구리와 실험실에서 인공적으로 만든 탄산구리를 각각 분리한다. 역시 구리, 산소, 탄소의 무게비가 5:4:1로 똑같다. 이를 통해 탄산구리 화합물이 만들어질 때 탄소, 구리, 산소가 각각 5:4:1의 비율로 결합한다는 것을 알 수 있다.

이제 우리는 여러 원소들이 화합물을 만들 때 각 원소들이 일정한 비율로 화학적 결합을 통해 만들어진다는 것을 알게 되었다.

이를 확인하기 위해 수소와 산소의 결합을 살펴보자.

수소와 산소가 만나서 물이 만들어질 때 수소와 산소는 질량비가 1 : 8의 비율로 결합한다.

다시 말하면 수소와 산소를 어떤 비율로 섞어도 물이 만들어질 때 반응하는 질량비는 1 : 8이며 나머지는 수소나 산소의 상태로 남아 있게 된다는 것이다. 대략적인 그림으로 나타내면 다음과 같다.

일산화탄소와 이산화탄소를 비교해보자.

$$2C + O_2 = 2CO$$
$$2C + 2O_2 = 2CO_2$$

탄소 1원자와 산소 1원자가 만나면 일산화탄소가 되고 탄소 1원자와 산소 2원자가 만나면 이산화탄소가 된다. 두 화합물은 성질이 다른 물질이므로 질량비가 다르게 결합하면 다른 물질이 된다는 것을 알 수 있다. 즉 같은 질량비로 결합하면 같은 화합물이 만들어진다.

헨리의 법칙

온도가 일정할 때,
기체는 압력이 높을수록 액체에 잘 녹는다.

$$P = kC$$

(P : 기체의 압력. k는 헨리 상수,
C = 용액 $1L$에 용해된 기체의 몰수)

헨리의 법칙은 탄산음
료에서 쉽게 찾아볼 수
있다. 탄산음료 뚜껑을
열면 한꺼번에 거품이 올
라온다. 압력을 높여서
탄산가스를 많이 녹여 놓
은 상태에서 뚜껑을 열면
용기 안의 압력이 낮아지
면서 녹아 있던 탄산가스
가 한꺼번에 나오기 때문
이다. 그래서 탄산음료를
더 맛있게 먹으려면 차갑
게 온도를 낮추고 용기

헨리의 법칙이 궁금하다면 탄산음료를 흔든 뒤
뚜껑을 따보면 된다.

안 기체의 압력을 높이면 된다.

잠수병도 헨리의 법칙과 관계가 있다. 깊은 물속으로 들어가는
잠수부는 큰 수압을 받는다. 그러면 산소나 질소가 혈액 속으로
더 많이 녹아들게 된다. 헨리의 법칙에 따라 혈액 속에 산소나 질
소가 더 많이 녹아든 상태에서 수압이 낮은 물 위로 올라가면 혈

액에 녹아 있던 기체들이 갑자기 낮아진 압력 때문에 혈액 밖으로 빠져나오면서 혈액순환을 방해해 잠수병에 걸리게 된다. 따라서 잠수를 할 때는 안전수칙을 꼭 지켜야 한다.

윌리엄 헨리.

잠수부는 수압 때문에 잠수할 수 있는 시간이 정해져 있다.

윌리엄 헨리가 발견한 헨리의 법칙은 기체의 압력이 높아지면 기체가 액체에 더 많이 녹게 된다는 것이다. 그림으로 나타내면 다음과 같다.

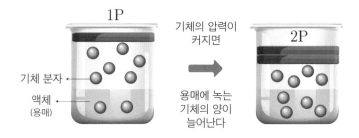

헨리의 법칙은 주로 물에 대한 용해도가 작은 기체인 수소, 산소, 질소 등에서 성립한다. 물에 대한 용해도가 큰 기체는 물과 화학반응을 하기 때문에 헨리의 법칙이 잘 성립하지 않는다.

반트호프의 삼투압 법칙

묽은 용액에서 삼투압은
용매, 용질의 종류와 상관없이
용액의 농도와 절대온도에 비례한다.

$$P = \frac{n}{V}RT$$

(P : 삼투압, V : 부피, n : 용액의 몰수,

T : 절대온도, R : 비례상수)

독일의 화학자 트라우베가 삼투현상을 발견하고 페퍼가 식물 실험을 통하여 삼투압을 측정했다. 페퍼는 세포막을 반투과성막으로 이용하여 설탕용액의 삼투압을 측정해 삼투압이 온도에 비례한다는 것을 알아냈다. 반트호프는 이를 이어서 실험해 삼투압과 용액의 농도, 절대온도 사이의 관계를 식으로 나타냈는데 이것이 삼투압 법칙이다.

식물이 흙 속의 물을 흡수하는 방법도 삼투압 현상을 이용한다. 반투과성 막인 세포막을 기준으로 농도가 높은 식물체 내로 상대적으로 농도가 낮은 흙 속의 물이 들어오게 된다. 배추를 소금에 절이면 숨이 죽는 현상이나 오이 피클을 담기 위해 소금에 절여 수분을 빼는 것이나 탕에 오래 들어가 있으면 손이 쪼글쪼글해지는 현상 모두 삼투현상이다.

맛있는 피클을 담기 위해서는 먼저 오이를 소금에 절여 수분기를 빼줘야 한다.

삼투압보다 더 큰 압력을 용액에 가하면 순수하게 용매만 반투과성 막을 통과해서 빠져나오게 되는 데 이러한 방식을 역삼투압 방식이라 하며 해수 담수화나 오염된 물을 거르는 정수기 등에 사용된다.

김치를 담기 위해서는 먼저 배추의 숨을 죽여야 하므로 배추를 소금에 절인다.

반트호프의 삼투압 법칙에 대한 실험은 다음과 같다.

물과 설탕물 사이에 반투과성 막을 놓으면 물이 설탕물 쪽으로 이동해서 설탕물의 높이가 올라간다. 이처럼 저농도의 용액과 고농도의 용액이 반투과성 막을 사이에 두고 있을 때 저농도 용액에서 고농도 용액으로 용매가 이동하는 현상이 삼투현상이다.

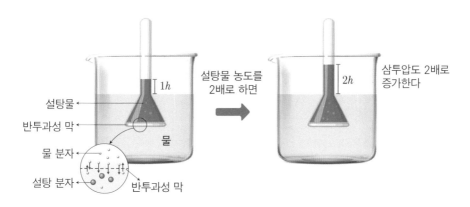

삼투현상: 물분자만 용액 농도가 낮은 쪽에서 높은 쪽으로 이동한다. 바꿔 말하면 물분자가 많은 쪽에서 적은 쪽으로 확산한다.

일정한 온도에서 설탕물의 농도만 다르게 해서 실험하면 농도가 높을수록 삼투압도 높게 나타난다. 농도를 같게 한 상태에서 온도를 다르게 하면 온도가 높을수록 삼투압이 커진다. 온도가 높을수록 물분자의 운동이 활발해지기 때문이다.

삼투현상을 이용한 수많은 절임 반찬들.

라울의 법칙

묽은 용액에서 용액의 증기압력은
순수한 용매의 증기압력보다 작으며,
그 차이는 용액의 농도에 비례한다.

우리가 맛있게 먹는 라면을 끓일 때 라울의 법칙을 확인할 수 있다.

맛있는 라면은 물의 양, 끓이는 온도도 중요하다.

용질 때문에 용매의 증발이 어려워지면 용매의 증기압은 내려가지만 용액의 끓는점은 올라간다. 용질의 양이 많아지면 용액의 끓는점도 높아진다. 따라서 스프를 넣고 물을 끓이면 끓는점이 올라가서 높은 온도에서 라면을 익힐 수 있다. 마찬가지로 용질을 넣으면 용매의 어는점도 내려간다. 이를 이용한 것이 겨울철 빙판길에 소금이나 염화칼슘을 뿌려서 물의 어는점을 내려 결빙현상을 막는 것이다.

소금을 뿌리면 물의 어는점을 내려 결빙현상을 막을 수 있다.

라울의 법칙을 이미지화하면 다음과 같다.

밀폐된 용기 안에 있는 순수한 용매는 기체로 변하는 분자와 액체로 변하는 분자가 서로 같은 속도를 유지하기 때문에 겉으로 보기에는 정지되어 있는 상태로 보인다. 즉, 증발과 응결이 동시에 일어나는 데 이 상태를 동적평형이라 한다. 이때 기체 상태의 분자는 움직이면서 압력을 만들며 이를 포화증기압력이라 한다. 이 증기압력은 온도에 따라 달라진다.

증발＝응결⇒동적평형 상태

증발량↑ = 증기압↑
증발량↓ = 증기압↓

여기에 용질을 넣어 묽은 용액을 만들면 순수한 용매일 때보다 증기압력이 낮아진다. 왜냐하면 용질 입자의 방해로 용매 입자의 증발이 어려워지기 때문이다. 증발량이 적어지면 증기압력도 적어져서 증기압력 내림현상이 발생한다. 용질의 양이 많아져서 농도가 커지면 증발량이 더 적어져서 증기압력 내림은 더 커진다.

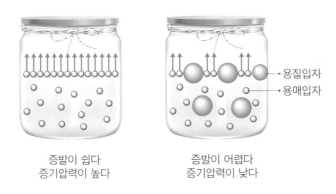

증발이 쉽다
증기압력이 높다

증발이 어렵다
증기압력이 낮다

용질입자
용매입자

용액 속 용질의 몰수에 비례해서 증기압력 내림 차이가 커지는 것이 라울의 법칙이다.

라울의 법칙은 용질이 비휘발성이고 비전해질일 경우에 성립한다. 용질 자체가 증발해버리거나 용매와 반응하여 이온화해서 입자수가 변해버리면 라울의 법칙은 성립하기 어렵기 때문이다.

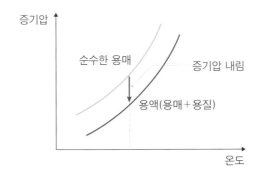

증기압

순수한 용매

증기압 내림

용액(용매＋용질)

온도

아르키메데스의 원리

액체 속에 잠긴 물체는
그 물체의 부피와
같은 부피의 액체 무게만큼의
부력을 받는다.

아르키메데스의 원리를 발견한 일화는 한번 정도는 들어봤을 것이다.

시칠리아 왕의 금관이 순금인지 은이 섞인 합금인지 알아내는 문제 때문에 고민하던 아르키메데스는 공중목욕탕에 목욕을 하러 갔다가 자신의 몸이 잠기면서 탕의 물 높이가 높아지는 것을 보게 된다. 이를 통해 부력의 원리를 알게 된 아르키메데스가 '유레카'를 외치며 벗은 몸으로 달려나갔다고 하는데 정확한 이야기는 아니다.

부력의 원리를 알게 된 아르키메데스는 바로 시칠리아의 왕을 찾아가 저울과 물을 이용하여 금관이 순금이 아님을 밝혀냈다.

아르키데메스의 원리가 가장 많이 이용되는 곳 중 하나는 배를 띄울 때이다. 배가 물에 뜨려면 배의 무게와 같은 무게의 물을 밀어내야 한다. 그래서 배의 부피를 크게 만들어 물을 많이 밀어내게 한다. 이와 함께 고려해야 할 것이 배에 짐을 싣거나 승객이 타면 배 전체의 무게가 증가한다는 점이다. 배의 무게가 증가하면 배는 점점 가라앉으면서 물을 더 밀어낸다. 하지만 너무 가라앉으면 배는 중심을 잃고 침몰하게 된다. 이를 예방하기 위해서 배에는 흘수선 표시가 되어 있다.

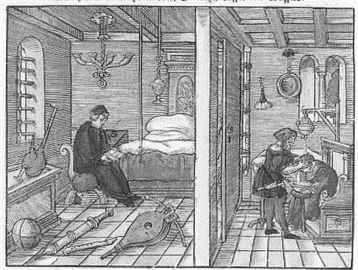

아르키메데스의 유레카를 이미지화했다.

아르키메데스는 위대한 과학자로 원에 대한 연구를 비롯해 다양한 분야에서 수많은 업적을 남긴 것으로 유명하다. 이를 이탈리아의 화가 줄리오 파리가 회화로 남겼다.

아르키메데스의 원리는 물 위를 항해하는 배에서 쉽게 찾아볼 수 있다.

지구를 들어올릴 수 있다고 했던 아르키메데스의 말을 형상화했다(줄리오 파리 작).
조건은 지구를 들 수 있을 정도로 긴 지렛대를 준다면이다.

아르키메데스는 당시 자신의 고향을 지키기 위한 다양한 무기들도 연구한 수리물리학자이기도 하다(줄리오 파리 작).

아르키메데스가 시칠리아의 왕 앞에서 한 부력의 원리는 다음과 같다.

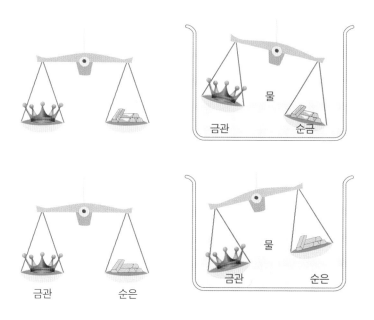

금관과 무게가 같은 순금, 순은을 준비해서 금관을 저울 한쪽에 달고 나머지 한쪽에 각각 순금과 순은을 달아보았다. 수평을 이룬 저울을 물속에 넣으니 저울이 두 가지 다 한쪽으로 기울었다. 금관은 금과 은이 섞인 합금으로 만들어진 것이었다.

뉴턴의 관성의 법칙

물체에 힘이 작용하지 않으면
멈춰 있던 물체는 계속 멈춰 있고,
운동하던 물체는 계속 등속직선운동을 한다.

우리의 일상생활에서 확인할 수 있는 관성으로는 어떤 것이 있을까?

당연히 관성의 법칙은 언제든지 경험이 가능하다. 버스 손잡이를 잡고 가다 보면 버스가 멈출 때 우리 몸이 버스가 가는 방향으로 움직인다. 멈춰 있던 버스가 갑자기 움직이면 우리 몸은 버스 진행 반대방향으로 움직인다. 관성이 작용하기 때문이다.

아이작 뉴턴.

차가 빠른 속도로 달리다가 멈출 경우 우리 몸은 차가 달리는 방향으로 순식간에 쏠리게 된다. 교통사고가 난다면 앞 유리창을 뚫고 날아갈 수도 있다. 이 또한 관성에 의한 것으로 이와 같은 위험에 대비하기 위해서는 안전벨트를 매야 한다.

2018년부터 뒷좌석까지 안전벨트 착용이 의무화되었다.

지구가 태양 주위를

도는 것도 관성에 의해서이다. 지구에서 쏘아올린 우주선이 만약 태양계를 벗어나게 된다면 연료가 바닥이 나더라도 관성의 법칙 때문에 끝없이 우주를 여행할 수 있게 된다.

목성을 둘러싼 위성과 목성을 관찰 중인 우주선.

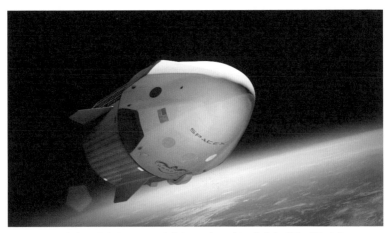

우주선이 태양계를 벗어나 우주를 여행할 수 있는 것은 관성의 법칙 때문이다.

관성의 법식은 뉴턴의 운동 제1법칙이기도 하다. 그런데 갈릴레오 갈릴레이 역시 빗면 사고 실험을 통해 관성의 법칙을 연구했다. 갈릴레이는 물체에 어떤 힘도 작용하지 않는다면 물체의 운동은 어떻게 될까 궁금했다. 그의 연구는 다음과 같다.

가만히 있는 쇠구슬은 건드리지 않으면 계속 가만히 있다. 멈춰있는 물체는 힘이 작용하지 않으면 그냥 멈춰 있다. 그렇다면 움직이는 물체는 어떻게 될까?

갈릴레이는 빗면에 쇠구슬을 놓고 반대편 빗면까지 굴러가는 것을 관찰했다. 쇠구슬은 반대편 빗면의 처음 쇠구슬이 있던 높이까지 올라가서 멈추었다. 반대편 빗면의 기울기를 점점 작게 하면 쇠구슬은 처음 높이만큼 올라갈 때까지 더 멀리 굴러갔다.

계속해서 반대편 빗면을 바닥과 수평이 되도록 하자 쇠구슬은 중력에 의해 멈출 때까지 아주 멀리 굴러갔다.

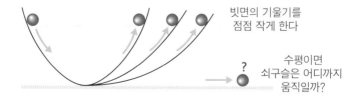

빗면의 기울기를
점점 작게 한다

?

수평이면
쇠구슬은 어디까지
움직일까?

만약 쇠구슬의 움직임을 방해하는 중력이나 마찰력 같은 힘이 없다면 빗면을 굴러 내려온 쇠구슬은 수평으로 펼쳐진 길을 따라 멈추지 않고 굴러가는 속도 그대로 영원히 움직일 것이다.

외부에서 힘이 작용하지 않을 때 성립하는 뉴턴의 관성의 법칙은 상대성이론에도 영향을 주었다.

훅의 법칙

물체의 변형 정도는
작용한 힘에 비례한다.

$$F = -kx$$

(F: 탄성력, k: 용수철 상수, x는 변형된 길이)

영국의 물리학자인 로버트 훅은 1678년 훅의 법칙으로 알려진 탄성법칙을 발견했다. 또한 직접 만든 현미경으로 최초로 세포를 관찰했고 목성의 대적점을 발견해 목성이 자전한다는 의견을 처음으로 제시했다. 뿐만 아니라 진자 운동을 이용한 중력 측정과 지구와 달의 타원궤도 공전, 빛의 파동 이론 등을 제안했다.

일상생활에서 볼 수 있는 훅의 법칙으로는 무엇이 있을까? 대부분 고체의 변형은 훅의 법칙을 따른다.

나뭇가지를 휘었다가 놓으면 제자리로 돌아가는 것이나 널뛰기를 할 때 판이 휘어졌다가 본래의 모습으로 돌아가는 것 등도 가하는 힘의 크기만큼 휘어졌다가 탄성력에 의해 제자리로 돌아가는 원리이다.

자전거를 탔을 때 바닥으로부터 오는 충격을 완화시켜주는 자전거와 오토바이 안장의 용수철, 차량 바닥의 용수철 모두 훅의 법칙을 응용한 것이다.

자전거와 오토바이의 안장은 훅의 법칙을 이용하고 있다.

용수철저울을 이용하여 훅의 법칙을 알아보자.

용수철저울에 매단 추를 하나씩 추가하면서 길이 변화를 살펴본다.

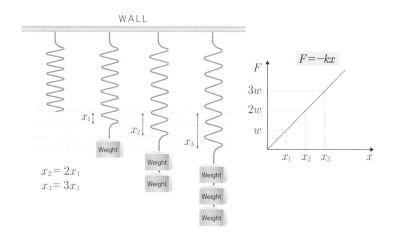

용수철저울에 추를 하나씩 달 때마다 용수철저울의 길이가 늘어난다. 이 늘어난 길이는 추의 개수에 비례한다. 이때 용수철저울의 길이가 늘어난 방향과 반대방향으로 원래대로 돌아가려는

힘이 작용하는 데 이 힘을 탄성력이라고 한
다. 용수철저울이 완전히 늘어나서 다시는
원래대로 돌아가지 못하게 되지 않는 한. 탄
성력의 범위 안에서 훅의 법칙은 성립된다.

용수철저울.

옴의 법칙

도선에 흐르는 전류의 세기는
전압의 크기에 비례하고
저항의 크기에 반비례한다.

$$U = R \times I$$

(전압$=U$, 전류$=I$, 저항$=R$)

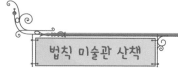

실생활에서 볼 수 있는 옴의 법칙으로는 어떤 것이 있을까?

옴의 법칙을 이용한 실생활 용품으로는 전압을 가해서 열을 얻는 난방기기나 회로에 전압을 가하면 빛이 나오는 조명기구 등이 있다.

젖은 손으로 콘센트를 만지면 위험한 것도 옴의 법칙과 관련이 있다. 인간의 몸도 하나의 저항으로 평소에는 5만 옴 정도이지만 물에 젖으면 저항력이 약해져서 천 옴 정도로 줄어들게 되고 같은 전압일 경우 전류의 세기가 커지게 되어 감전의 위험이 있다. 따라서 수많은 전기제품 속에서 우리가 안전할 수 있는 것도 옴의 법칙을 잘 활용하기 때문이다.

전압을 가하면 빛을 내는 조명기구도 옴의 법칙이 적용된다.

옴의 법칙은 겨울철 추위에서 우리를 보호하는 난방기기에도 이용되고 있다.

독일의 과학자 옴은 볼타의 화학전지에 도선을 연결하고 전류의 세기를 측정했다.

전압의 세기를 다르게 하면서 전류의 세기를 측정했더니 전압의 세기가 세질수록 전류의 세기도 커졌다.

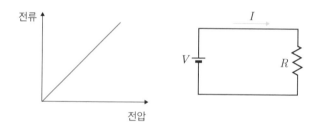

계속해서 옴은 전압을 일정하게 유지하면서 도선의 길이를 다르게 해서 전류의 세기를 측정해보았다. 도선의 종류나 모양도 바꾸면서 실험해보니 같은 전압이라도 회로에 연결된 도선의 종류나 모양에 따라 전류의 세기가 달라졌다. 물질의 종류와 모양에 따라 전류의 흐름을 방해하는 정도, 즉 저항이 다르기 때문이다.

그러나 온도에 따라 저항이 달라지는 물질도 있다. 그래서 옴의 법칙이 성립되는 경우는 제한적이다.

아몽통-쿨롱의
마찰의 법칙

마찰력은 물체의 무게에 비례하고
접촉면의 넓이와는 관계가 없다.

아몽통

마찰력은 물체의 속도와 관계가 없다.

쿨롱

과학자들은 필요에 따라 마찰력을 줄이거나 늘리는 방법으로 우리의 일상생활의 편리성을 도모했다. 기계에 윤활유를 발라 마찰력을 줄여서 기계가 쉽게 돌아가게 하거나 눈이 왔을 때 자동차 바퀴에 체인을

기계에 윤활유를 발라 마찰력을 줄임으로써 일의 능률을 높였다.

감아 마찰력을 키움으로써 미끄러짐을 방지하는 것이 모두 이에 해당된다.

동계 올림픽 종목 중 하나인 컬링 경기는 마찰력을 이용하는 경기로 바닥을 닦아서 마찰력을 적게 만들어 공이 잘 미끄러지도록 한다.

자동차 바퀴에 체인을 걸면 마찰력이 커져 미끄러운 눈길에서 좀더 안전해질 수 있다.

올림픽 종목 중 하나인 컬링은 마찰력을 이용한 경기이다.

아몽통 – 쿨롱의 마찰의 법칙에 관한 실험은 다음과 같다.

퇴근 후 집에 돌아가니 커다란 택배상자가 기다리고 있었다. 들고 들어가는 것보다 밀어서 움직이는 것이 쉽게 운반할 수 있을 것 같아 상자를 밀어보았다.

처음에는 밀리지 않던 상자가 힘을 점점 가하자 움직이기 시작했다. 상자가 움직이는 동안에는 처음 움직이기 시작할 때보다 힘이 적게 든다. 이때 물체의 움직임과 반대로 작용하는 힘을 마찰력이라고 한다. 상자가 움직이기 전까지의 힘을 정지마찰력, 상자가 움직이기 시작할 때부터의 힘을 미끄럼 운동마찰력이라 한다. 우리는 이 실험에서 최대 정지마찰력이 미끄럼 운동마찰력보다 크다는 것을 알 수 있다.

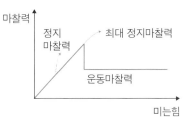

이번에는 상자를 2개 쌓아서 밀어보자. 물체의 무게가 2배가 되면 미는 힘도 2배로 든다. 상자가 바닥에 닿는 면적을 달리 해서 밀어보자. 무게가 같을 경우 미는 힘은 면적과 상관없이 같다는 것을 알게 될 것이다.

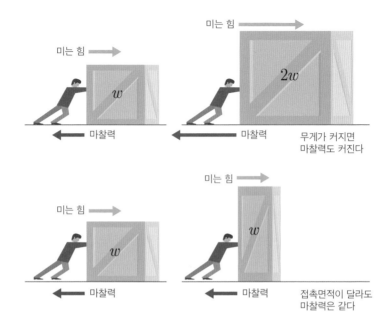

미는 힘

미는 힘

w

$2w$

마찰력

마찰력

무게가 커지면
마찰력도 커진다

미는 힘

미는 힘

w

w

마찰력

마찰력

접촉면적이 달라도
마찰력은 같다

1699년 아몽통은 레오나르도 다빈치가 처음으로 제시했던 정지마찰력에 대해 연구했고 쿨롱은 마찰력과 운동 속도와의 관계를 연구해 내용을 보완함으로써 마찰의 법칙은 아몽통–쿨롱의 마찰의 법칙이 되었다.

마찰력은 접촉한 두 물체 사이에 일어나는 힘으로, 물체의 울퉁불퉁한 표면이 서로 부딪히면서 쪼개지고 때리면서 생기게 된다. 이런 마찰력이 없다면 우린 걸을 수 없다. 현재 우리는 발바닥과 땅 표면의 마찰력으로 서 있고 걸을 수 있다.

종이에 연필로 글을 쓰는 것도 종이와 연필 사이에 존재하는 마찰에 의해서 가능하다.

18

멘델레예프의 주기율표

원소를 질량과 화학적 성질에 따라 배열한 표

원소가 점점 발견됨에 따라 과학자들은 비슷한 원소들끼리 분류하기 시작했다. 라부아지에는 33개의 원소를 4그룹으로 나누었다.

요한 되베라이너는 리튬, 나트륨, 칼륨과 같이 반응성이 비슷한 원소 3개 사이에 가장 가벼운 원소와 가장 무거운 원소의 원자량을 더해서 평균을 내면 가운데 원소의 원자량이 된다는 것을 알아냈다(삼원소의 법칙).

영국의 화학자 존 뉼랜즈는 원자량에 따라 원소를 배열하면 8번째 원소마다 비슷한 화학적 성질을 갖는다는 것을 발견했다(옥타브 법칙).

알렉산더 샹쿠르투아는 최초로 모든 원소를 원통을 감싸는 방법으로 원자번호가 증가하는 순서로 배열했다.

러시아의 화학자 드미트리 멘델레예프와 독일의 화학자 로타 마이어는 그때까지 알려진 원소들을 비슷한 화학적 성질에 따라 분류했다. 원자번호가 증가하는 순서대로 원소를 배열하면서 비슷한 화학적 성질을 가진 원소들을 열에 맞춰서 배열하는 방식이었다.

멘델레예프는 63종의 원소를 배치하면서 아직 발견되지 않은

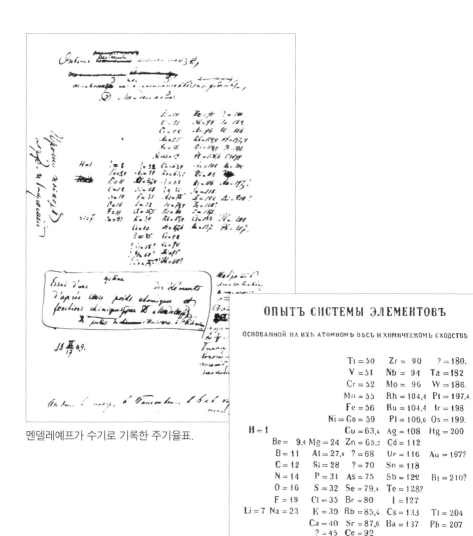

멘델레예프가 수기로 기록한 주기율표.

ОПЫТЪ СИСТЕМЫ ЭЛЕМЕНТОВЪ

ОСНОВАННОЙ НА ИХЪ АТОМНОМЪ ВѢСѢ И ХИМИЧЕСКОМЪ СХОДСТВѢ

		Ti = 50	Zr = 90	? = 180.	
		V = 51	Nb = 94	Ta = 182	
		Cr = 52	Mo = 96	W = 186.	
		Mn = 55	Rh = 104,4	Pt = 197,4.	
		Fe = 56	Ru = 104,4	Ir = 198	
		Ni = Co = 59	Pl = 106,6	Os = 199.	
H = 1		Cu = 63,4	Ag = 108	Hg = 200	
	Be = 9,4 Mg = 24	Zn = 65,2	Cd = 112		
	B = 11 Al = 27,4	? = 68	Ur = 116	Au = 197?	
	C = 12 Si = 28	? = 70	Sn = 118		
	N = 14 P = 31	As = 75	Sb = 122	Bi = 210?	
	O = 16 S = 32	Se = 79,4	Te = 128?		
	F = 19 Cl = 35	Br = 80	I = 127		
Li = 7 Na = 23	K = 39	Rb = 85,4	Cs = 133	Tl = 204	
	Ca = 40 Sr = 87,6	Ba = 137	Pb = 207		
	? = 45 Ce = 92				
	?Er = 56 La = 94				
	?Yt = 60 Di = 95				
	?In = 75,6 Th = 118?				

Д. Менделѣевъ

멘델레예프의 주기율표를 정리했다.

로타 마이어.

드미트리 멘델레예프.

원소의 자리를 비워두고 그 자리에 들어갈 원소의 화학적 성질까지 예측했다.

헨리 모즐리.

영국의 과학자인 헨리 모즐리는 원자량보다 원자번호, 즉 양성자 수에 따라 배열했을 때 원소의 주기적 성질과 더 잘 맞는다는 것을 알게 되었다. 현재 주기율표는 모즐리의 주기율표이다.

주기율표의 가로줄은 주기, 세로줄은 족이라고 한다. 같은 족에 있는 원소들은 화학적으로 성질이 비슷하다. 주기율표에는 7주기와 18족으로 분류된다.

주기율표를 대각선으로 그어보자. 대각선의 왼쪽에는 금속 원소, 오른쪽에는 비금속 원소들이 위치한다. 대각선 근처에 있는 원소들은 반금속으로 금속과 비금속의 중간 성질을 가진다. 18족 원소들은 비활성 기체로 화학적으로 가장 안정적인 상태이다. 1족 원소들은 알칼리 금속으로 전자 하나를 잃고 양이온이 되기 쉽고 17족 원소는 할로겐 원소로 전자 하나를 얻어 음이온이 되기 쉽다.

주기율표에 있는 원소들은 원소의 특성에 맞게 실생활에서 다양하게 사용된다. 그리고 각각의 원소들이 서로 화학반응을 해서 다양한 물질을 만든다. 삶에 있어서 없어서는 안 되는 소금은 1족에 있는 나트륨 원소와 17족에 있는 염소 원소가 화학결합을 해서 만들어진 물질이다.

원소주기율표

1 **H** 수소 Hydrogen								
3 **Li** 리튬 Lithium	4 **Be** 베릴륨 Beryllium							
11 **Na** 소듐(나트륨) Sodium	12 **Mg** 마그네슘 Magnesium							
19 **K** 칼륨(포타슘) Potassium	20 **Ca** 칼슘 Calcium	21 **Sc** 스칸듐 Scandium	22 **Ti** 티타늄(타이타늄) Titanium	23 **V** 바나듐 Vanadium	24 **Cr** 크롬 Chromium	25 **Mn** 망간 Manganese	26 **Fe** 철 Iron	27 **Co** 코발트 Cobalt
37 **Rb** 루비듐 Rubidium	38 **Sr** 스트론튬 Strontium	39 **Y** 이트륨 Yttrium	40 **Zr** 지르코늄 Zirconium	41 **Nb** 나이오븀 Niobium	42 **Mo** 몰리브덴 Molybdenum	43 **Tc** 테크네튬 Technetium	44 **Ru** 루테늄 Ruthenium	45 **Rh** 로듐 Rhodium
55 **Cs** 세슘 Caesium	56 **Ba** 바륨 Barium	57~71 **La** 란탄족 Lanthanoids	72 **Hf** 하프늄 Hafnium	73 **Ta** 탄탈럼 Tantalum	74 **W** 텅스텐 Tungsten	75 **Re** 레늄 Rhenium	76 **Os** 오스뮴 Osmium	77 **Ir** 이리듐 Iridium
87 **Fr** 프랑슘 Francium	88 **Ra** 라듐 Radium	89~103 **Ac** 악티늄족 Actinoids	104 **Rf** 러더포듐 Rutherfordium	105 **Db** 더브늄 Dubnium	106 **Sg** 시보귬 Seaborgium	107 **Bh** 보륨 Bohrium	108 **Hs** 하슘 Hassium	109 **Mt** 마이트너륨 Meitnerium

57 **La** 란탄 Lanthanum	58 **Ce** 세륨 Cerium	59 **Pr** 프라세오디뮴 Praseodymium	60 **Nd** 네오디뮴 Neodymium	61 **Pm** 프로메튬 Promethium	62 **Sm** 사마륨 Samarium
89 **Ac** 악티늄 Actinium	90 **Th** 토륨 Thorium	91 **Pa** 프로탁티늄 Protactinium	92 **U** 우라늄 Uranium	93 **Np** 넵투늄 Neptunium	94 **Pu** 플루토늄 Plutonium

					2 **He** 헬륨 Helium
5 **B** 붕소 Boron	6 **C** 탄소 Carbon	7 **N** 질소 Nitrogen	8 **O** 산소 Oxygen	9 **F** 불소(플루오린) Fluorine	10 **Ne** 네온 Neon
13 **Al** 알루미늄 Aluminium	14 **Si** 규소 Silicon	15 **P** 인 Phosphorus	16 **S** 황 Sulfur	17 **Cl** 염소 Chlorine	18 **Ar** 아르곤 Argon

28 **Ni** 니켈 Nickel	29 **Cu** 구리 Copper	30 **Zn** 아연 Zinc	31 **Ga** 갈륨 Gallium	32 **Ge** 게르마늄(저마늄) Germanium	33 **As** 비소 Arsenic	34 **Se** 셀레늄 Selenium	35 **Br** 브롬 Bromine	36 **Kr** 크립톤 Krypton
46 **Pd** 팔라듐 Palladium	47 **Ag** 은 Silver	48 **Cd** 카드뮴 Cadmium	49 **In** 인듐 Indium	50 **Sn** 주석 Tin	51 **Sb** 안티몬 Antimony	52 **Te** 텔루륨 Tellurium	53 **I** 요오드(아이오딘) Iodine	54 **Xe** 제논 Xenon
78 **Pt** 백금 Platinum	79 **Au** 금 Gold	80 **Hg** 수은 Mercury	81 **Tl** 탈륨 Thallium	82 **Pb** 납 Lead	83 **Bi** 비스무트 Bismuth	84 **Po** 폴로늄 Polonium	85 **At** 아스타틴 Astatine	86 **Rn** 라돈 Radon
110 **Ds** 다름스타튬 Darmstadtium	111 **Rg** 렌트게늄 Roentgenium	112 **Cn** 코페르니슘 Copernicium	113 **Nh** 니호늄 Nihonium	114 **Fl** 플레로븀 Flerovium	115 **Mc** 모스코븀 Ununperntium	116 **Lv** 리버모륨 Livermorium	117 **Ts** 테네신 Tennessine	118 **Og** 오가네손 Oganesson

63 **Eu** 유로퓸 Europium	64 **Gd** 가돌리늄 Gadolinium	65 **Tb** 터븀 Terbium	66 **Dy** 디스프로슘 Dysprosium	67 **Ho** 홀뮴 Holmium	68 **Er** 어븀 Erbium	69 **Tm** 툴륨 Thulium	70 **Yb** 이터븀 Ytterbium	71 **Lu** 루테튬 Lutetium
95 **Am** 아메리슘 Americium	96 **Cm** 퀴륨 Curium	97 **Bk** 버클륨 Berkelium	98 **Cf** 칼리포늄 Californium	99 **Es** 아인슈타이늄 Einsteinium	100 **Fm** 페르뮴 Fermium	101 **Md** 멘델레븀 Mendelevium	102 **No** 노벨륨 Nobelium	103 **Lr** 로렌슘 Lawrencium

실생활에서 볼 수 있는
사물로 이미지화한
원소주기율표

* 98~99쪽 원소주기율표와 비교해보면 더 명확하게 이해할 수 있다.

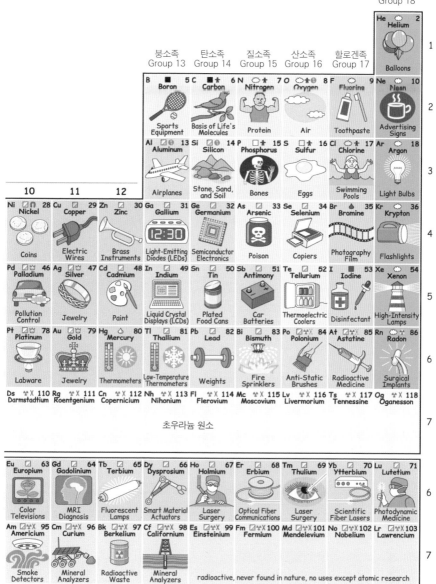

© 2005–2016 Keith Enevoldsen elements.wlonk.com Creative Commons Attribution-ShareAlike 4.0 International License

볼타의 화학전지

아연과 구리처럼
반응성 차이가 큰 금속을 이용하여
산화, 환원 반응을 일으켜서
전류가 흐르게 하는 전지.

일상생활에서 전지는 다양하게 쓰이고 있다. 전지의 종류로는 방전되고 나면 다시 충전할 수 없는 1차 전지와 재충전할 수 있는 2차 전지가 있다. 1차 전지는 리모컨이나 시계 등에 주로 이용되며 2차 전지로는 자동차 배터리나 여러 가지 전기 제품, 휴대폰에 쓰이고 있는 리튬 이온 전지 등이 있다.

건전지-1차 전지.

전기 자동차의 배터리를 충전하고 있다.

휴대폰에 쓰이고 있는 리튬 이온 전지.

보조배터리에는 리튬이온폴리머전지를 사용한다.

간단한 실험을 통해서 전지의 원리를 알아보자.

레몬에 구리판과 아연판을 박아 넣고 전구와 연결하면 전구에 불이 들어온다. 레몬이 전지가 된 것이다.

아연은 전자를 내놓고 양이온으로 변하기 쉬운 금속이다. 구리는 전자를 받아 음이온으로 변하기 쉬운 금속으로 아연이 내놓은 전자를 받게 된다. 이 과정에서 전자가 도선을 따라 이동하면서 전류가 흐른다. 이 전기에너지로 전구에 불이 들어오는 것이다.

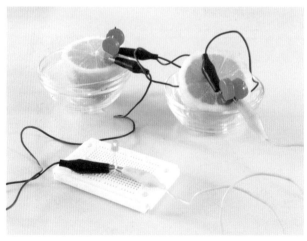

레몬 전지.

여러 가지 금속을 양이온이 되기 쉬운 정도에 따라 순서대로 나타낸 것을 금속의 이온화 경향이라고 한다.

금속의 이온화 경향의 순서는 다음과 같다.

$K > Ca > Na > Mg > Al > Zn > Fe > Ni > Sn > Pb > H > Cu > Hg > Ag > Pt > Au$

이온화 경향에서 서로 멀리 떨어져 있는 금속으로 전지를 만들 때 전압이 더 높게 만들어진다. 알렉산드로 볼타는 여러 가지 금속의 이온화 경향을 순서대로 찾아내고 그중에서 아연과 구리를 선택한 후 구리판과 아연판 사이에 전해질 용액에 적신 천을 끼운 것을 여러 겹 쌓아서 최초의 전지를 만들었다.

존 프레데릭 다니엘은 두 가지 금속의 반응 공간을 분리하여 '다니엘 전지'를 만들었고 조르주 르클랑셰는 지금 사용하는 전지의 구조와 같은 건전지를 발명했는데 이 전지가 실용성을 가진 최초의 전지이다.

프랑스의 나폴레옹 황제 앞에서 자신의 전지를 설명하는 알렉산드로 볼타.

지레의 원리

지레를 이용하면
작은 힘으로 큰 힘을 사용할 수 있다.

인산의 발명품에서 손에 꼽히는 기본 도구 중 하나가 지레일 것이다. 지레의 발명은 수많은 것을 가능하게 하고 생활을 편리하게 하는데 큰 역할을 했다. 그중에는 무거운 돌로 성벽을 쌓는 등 지레를 이용한 예는 얼마든지 있다.

현대 생활에서도 지레는 다양하게 이용 중이다. 가위나 못 뽑는 장도리는 1종 지레이고 병따개는 2종 지레, 핀셋은 3종 지레다. 손톱깍기처럼 2종 지레와 3종 지레를 함께 사용하는 도구도 있다. 자전거 브레이크나 핸들에도 지레의 원리가 숨어 있다.

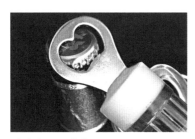

병따개-2종 지레.

핀셋-3종 지레.

손톱 깍기-2종과 3층 혼합지레.

자전거 브레이크.

아르키메데스는 지렛대와 받침점만 있다면 지구를 움직일 수 있다고 했다. 어떻게 막대기 하나로 무거운 짐을 들어 올릴 수 있을까?

무거운 짐 아래에 막대기 끝을 넣고 막대기 아래에 돌을 넣고 반대쪽 막대기에 힘을 주면 짐이 들어 올려진다. 지레에는 작용점, 받침점, 힘점이라는 세 가지 점이 중요하다.

수평잡기를 생각해보면 좀더 쉽게 이해할 수 있다.

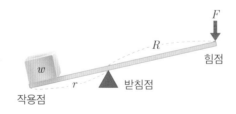

$$w(\text{물체의 무게}) \times r(\text{작용점과 받침점 사이의 거리})$$
$$= F(\text{힘}) \times R(\text{받침점과 힘점 사이의 거리})$$

물체의 무게와 작용점과 받침점까지의 거리를 곱한 값은 작용한 힘과 받침점과 힘점 사이의 거리를 곱한 값과 같다. 그래서 받침점이 작용점과 가까워질수록 힘점까지의 거리가 늘어나면서 힘이 줄어들게 된다. 작용점, 받침점, 힘점의 위치에 따라 지레의 종류는 달라진다.

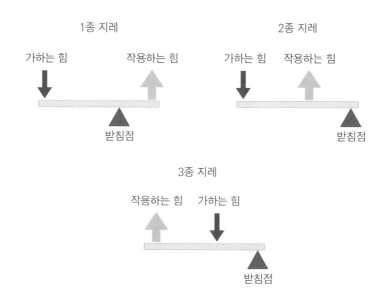

도르래의 원리

고정 도르래를 이용하면
힘의 방향을 바꿀 수 있고

움직 도르래를 이용하면
힘을 절반으로 줄일 수 있다.

불선을 위아래로 쉽게 오르내리도록 만들어진 도르래는 우리의 삶을 바꾼 중요한 도구 중 하나이다.

아르키메데스는 도르래를 이용하여 무거운 배를 육지로 끌어올렸다. 정약용은 수원 화성을 짓기 위해 도르래를 이용한 거중기를 만들어서 무거운 돌을 이동시켰다.

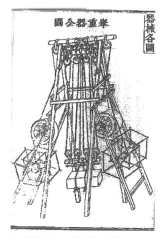

수원 화성의 거중기 설계도.

수원 화성의 거중기.

공사장 등에서 무거운 자재를 들어 올리는 크레인, 자동차를 견인하는 견인차, 엘리베이터, 지게차 등이 모두 도르래를 응용한 것이다.

지게차.

우물.

크레인.

오랜 세월 동안 안정적인 식수 공급원이었던 우물을 비롯해 다양한 분야에서 도르래는 우리 삶을 편리하게 만들어주었다.

도르래의 어떤 원리를 이용해 무거운 물체를 들어 올리는 것일까?

도르래는 축이 고정되어 있는 고정도르래와 줄을 따라 이동하는 움직도르래가 있다.

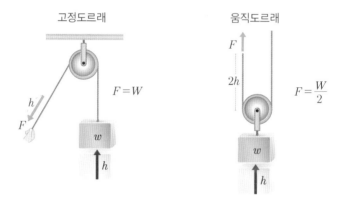

그림처럼 고정도르래는 힘의 이득은 없지만 힘의 방향을 바꾼다. 움직도르래는 줄을 2배 더 잡아당겨야 하지만 힘이 절반으로 줄어든다. 고정도르래와 움직도르래를 함께 이용한 복합도르래는 힘의 방향도 바꾸고 힘도 절반으로 줄어든다.

두레박으로 우물에서 물을 퍼올릴 때 고정도르래를 사용하면 힘의 이득은 없지만 줄을 잡아당기는 방향이 바뀌어서 조금 더 편해진다. 국기게양대에도 고정도르래가 이용되고 있다.

수원 화성을 쌓기 위해 사용된 거중기와 녹로, 무거운 물체를 상하로 움직일 때 이용하는 호이스트는 복합도르래를 이용한 장치이다.

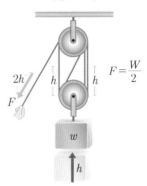

복합도르래

$$F = \frac{W}{2}$$

도르래.

일의 원리

물리적인 일에서
도구의 사용과 관계없이
일의 양은 변하지 않는다.

　도구의 사용과 관계없이 일의 양은 일정하다는 일의 원리로는 어떤 경우가 있을까?

　자장면을 먹기 위해 나무젓가락을 분리할 때 윗부분을 분리하든 아랫부분을 분리하든 한 일의 양은 같다. 손톱을 먼저 깎거나 발톱을 먼저 깎거나 한 일의 양도 같다.

　밭을 일구기 위해 트렉터를 사용하는 것이나 사람들이 호미로 밭을 가는 것이나 한 일의 양 역시 같다.

　즉 '똑같은 일을 하는데 방법을 달리 하더라도 결과적으로 한 일의 양은 같다' 라는 결과가 나온다면 일의 원리에 해당된다.

　그리고 한 일의 양이 변하지 않는다면 더 편하고 쉬운 방법인 도구를 사용하는 것이 현명하다는 것이 일의 원리의 결과이다. 이 원리를 통해 인류는 어떤 영향을 받았을까?

인력보다 이양기로 모내기를 하면 하는 일의 양은 같지만 더 쉽고 빠르게 끝낼 수 있다.

일에는 여러 가지가 있다. 물건을 들어 올리거나 호미로 밭을 갈거나 집을 짓거나 아이들을 가르치는 것도 다 일이다. 하지만 물리학에서 일은 물체에 작용한 힘과 물체가 힘의 방향으로 이동한 거리의 곱으로 정의된다.

$$W(\text{일}) = F(\text{힘}) \times S(\text{이동거리})$$

$1N$의 물체를 $1m$ 높이로 들어 올렸다고 하자. 이때 한 일은 $1N \times 1m = 1Nm$로 일의 기본 단위가 된다. 그리고 영국의 물리학자인 제임스 줄을 기념하기 위해 일의 단위를 1줄(1J)이라고 한다.

무거운 물체를 들어올릴 때 우리는 힘을 적게 쓰면서도 최적의 효과를 내기 위해 도구를 사용한다.

약 4500년 전 이집트에서 피라미드를 만들 때도 인부들은 빗면을 이용하여 무거운 돌을 끌어올렸다. 이처럼 빗면을 이용하면 힘은 적게 들지만 대신 먼 거리를 운반해야 한다. 일은 힘과 이동거리의 곱이므로 힘이 줄어도 이동거리가 늘어나면 결국 일의 양은 같게 된다.

피라미드에 사용된 거대한 석재들.

지레나 도르래를 이용해도 마찬가지
다. 지레를 이용하면 적은 힘으로 물체
를 들 수 있다. 하지만 힘이 적게 드는
만큼 이동거리가 길어져서 일의 양에
는 변화가 없게 된다.

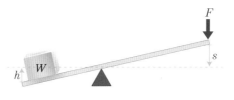

$$W \times h = F \times s$$

　이렇게 도구나 기계를 사용하여 일을 할 경우에도 일의 양을 줄일 수는 없다. 대신 일할 때 걸리는 시간은 줄일 수 있다. 같은 양의 일을 더 빠른 시간에 하거나 같은 시간에 더 많은 양의 일을 할 수 있다. 물리학에서는 단위 시간 동안 한 일을 일률이라고 한다. 일을 단위 시간으로 나눈 것이다. 그래서 단위가 $1J/s$ 여야 하지만 영국의 물리학자인 제임스 와트의 이름 첫 글자를 따서 'W'로 일률을 표시한다.

진자의 법칙

일정한 장소에서
진자의 길이가 같으면
진자의 무게, 진폭에 상관없이
진동의 주기는 같다.

(진자의 등시성)

푸코의 진사 실험의 의의는 지구가 논나는 것을 증명한 것이다. 진자는 외부에서 힘이 작용하지 않으면 진동면이 일정하게 유지된다. 그런데 푸코가 진자를 흔들어 보니 진동면이 회전했다. 지구가 돌기 때문에 진동면이 따라서 움직인 것이다. 이를 통해 푸코는 지구의 자전을 증명했다.

그리고 네덜란드의 과학자 크리스티안 호이겐스는 진자의 법칙을 이용하여 진자시계를 발명했다.

벅스턴 더비 대학에 전시된 푸코의 진자.

괘종시계는 시계추가 진자 역할을 해서 진자 운동에 따라 톱니바퀴가 움직이는 시계이다. 괘종시계의 보급은 시간의 개념을 명확하게 적용 가능하게 함으로써 효율적인 시간 관리를 할 수 있도록 했다.

놀이공원의 바이킹과 놀이터의 그네도 진자운동을 이용한 것이다. 시간의 관리뿐만 아니라 스릴 넘치는 놀이기구에도 적용되는 등 다방면에서 진자운동이 활용된 것이다.

괘종시계.

괘종시계.

바이킹을 응용한 놀이기구.

놀이공원의 바이킹.

여러분도 진사의 운동을 식섭 실험해볼 수 있다. 실에 작은 나뭇가지를 묶어 그림과 같이 흔들어보자.

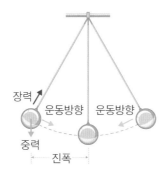

중심에서 양 끝까지의 직선거리가 진폭이고 진자가 한번 왕복하는데 걸리는 시간이 주기이다. 진자는 실을 잡아당기는 힘(장력)과 중력의 합력이 작용해 움직인다.

진폭을 바꾸면서 시간을 재어보자.

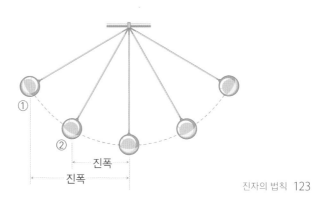

①과 ②의 주기는 같다. 하지만 진폭을 너무 크게 하면 진자의 법칙이 깨진다. 진자법칙은 진폭이 20′를 넘지 않을 때만 성립한다.

진자의 법칙을 발견한 사람은 갈릴레오 갈릴레이이다. 갈릴레이는 추의 무게와 줄의 길이를 바꾸면서 실험을 했다. 추의 무게가 변해도 주기는 변하지 않았다. 하지만 줄의 길이가 변하면 주기가 변했다. 줄의 길이가 길어질수록 주기는 길어진다.

자유낙하의 법칙

진공상태일 때,
물체가 낙하할 때 걸리는 시간은
낙하하는 물체의 질량과 상관없이 일정하다.

$$v = g \times t$$

물체가 낙하할 때
거리는 낙하 시간의 제곱에 비례한다.

$$h = \frac{1}{2} \times g \times t^2$$

  우리가 실생활에서 만날 수 있는 자유낙하운동으로는 무엇이 있을까? 그중 하나로 스카이다이빙이 있다.

  비행기에서 뛰어내리면 중력에 따라 아래로 떨어지게 되고 속력이 점점 증가하게 된다. 이때 공기의 저항을 이용하는 낙하산을 펴면 자유낙하하는 물체의 속력을 느리게 하여 안전하게 바닥에 착륙할 수 있다. 자이로드롭과 번지점프 또한 자유낙하를 이용하는 레저활동이다.

  에코 에너지로 각광받는 수력 발전 역시 자유낙하하는 물의 힘을 이용해 전기를 만든다.

번지점프와 스카이다이빙을 통해 자유낙하운동을 관찰할 수 있다.

달에 가서 무게가 다른 두 물체를 떨어뜨려보자(실제로 1971년 아폴로 15호가 달에 가서 깃털과 쇠망치로 이 실험을 했다).

깃털과 쇠공을 동시에 떨어뜨리니 달 표면에 동시에 떨어졌다. 둘 다 중력가속도만큼 속도가 빨라지기 때문에 같은 높이에서 떨어뜨리면 땅에 떨어지는 속도도 같다. 하지만 지구에서 깃털과 쇠공을 떨어뜨리

달에서 깃털과 쇠공을 동시에 떨어뜨리면 어떻게 될까?

면 결과가 달라진다. 왜냐하면 공기라는 변수가 생겨서이다. 깃털이 공기의 저항을 받아 늦게 떨어지기 때문이다.

무거운 물체일수록 빨리 떨어진다고 생각했던 아리스토텔레스의 생각은 아주 오랫동안 사람들을 지배했다.

갈릴레오 갈릴레이는 이 생각에 의문

갈릴레오 갈릴레이.

피사의 사탑 실험.

을 품고 실험을 했다. '피사의 사탑 실험'으로 유명한 이야기이다. 하지만 갈릴레이가 피사의 사탑에서 실험을 했다는 기록은 없다.

실제로 무게가 다른 2개의 납공을 떨어뜨리는 실험을 한 사람은 네덜란드의 수학자이자 물리학자인 시몬 스테빈으로 1586년에 무게가 10배 차이나는 두 개의 납공을 떨어뜨렸다.

갈릴레이는 경사면에 쇠공을 굴리는 실험을 통하여 낙하 법칙을 확인했다. 시간이 지날수록 공의 속도는 일정하게 증가했고 공의 무게나 크기와 상관이 없었다.

$$v = g \times t$$

게다가 경사면을 따라 굴러간 거리는 시간의 제곱에 비례했다. 이에 대해 그래프로 나타내면 다음과 같다.

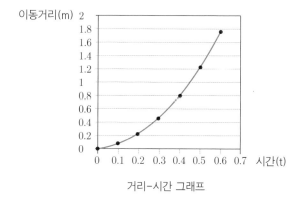

거리-시간 그래프

$$h = \frac{1}{2} \times g \times t^2$$

가속도의 법칙

물체에 작용하는 힘은
물체의 질량과 물체의 가속도의 곱이다.
물체의 가속도는
힘에 비례하고 질량에 반비례한다.

$$F = m \times a$$

(F: 힘, m: 물체의 질량, a: 가속도)

가속도의 법칙 역시 우리 실생활에서 쉽게 볼 수 있다. 자동차를 운전할 때 엑셀을 밟으면 차의 속력이 빨라진다. 그런데 자동차에 짐을 가득 싣고 운전하면 엑셀을 밟아도 바로 속력이 올라가지 않는다. 속력을 높이려면 엑셀을 더 세게 밟아야 한다.

반대로 속력이 빠르면 브레이크를 밟아도 차가 바로 멈추지 않는다. 만약 같은 속도로 달리던 자동차와 트럭이 동시에 브레이크를 밟는다면 질량이 큰 트럭이 더 늦게 멈추게 된다.

볼링을 칠 때도 공을 세게 던지면 공의 속도가 빨라지고 약하게 던지면 공의 속도는 상대적으로 느려진다.

가속도의 법칙은 우주시대를 열게 한 중요한 법칙 중 하나이기도 하다. 가속도의 법칙을 발견함으로써 우주선을 발사할 때 어느 정도의 가속도가 붙어야 우주로 나갈 수 있는지 계산이 가능하게 되었다.

볼링.

우주선.

가속도의 법칙 131

가속도의 법칙에 대한 실험은 다음과 같다.

장난감 자동차를 같은 힘으로 계속 밀면 속력이 빨라지는 것을 볼 수 있다. 장난감 자동차에 더 큰 힘을 주면서 변화를 살펴보자. 이 장난감 자동차에 작용하는 힘이 커지면 가속도도 커진다.

이번에는 같은 힘으로 질량이 다른 두 장난감 자동차를 밀어보자. 질량이 작은 자동차의 속도가 더 빨리 빨라지는 것을 볼 수 있다. 즉 물체의 질량이 클수록 가속도는 작아진다.

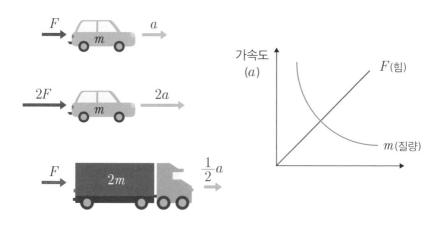

이처럼 물체가 얻는 가속도는 힘의 크기에 비례하고 물체의 질량에는 반비례한다.

뉴턴이 1687년에 발표한 《자연철학의 수학적 원리》에 담긴 가속도의 법칙은 뉴턴이 세 가지 법칙으로 정리한 역학현상 중 제2법칙에 해당한다.

작용 반작용 법칙
(상호작용의 법칙)

두 물체에서 한 쪽에 힘이 작용하면
동시에 같은 크기의 힘이 다른 쪽에
반대방향으로 작용한다.

$$\vec{F_1} = -\vec{F_2}$$

($F_1 = F_2$ 힘의 크기가 같다)

작용 반작용의 법칙이 작용하는 대표적인 예로 전기력과 사기력을 들 수 있다. 전기력은 +전하와 −전하들이 어떻게 만나느냐에 따라 인력과 척력이 작용하고 자기력은 N극과 S극들이 어떻게 만나느냐에 따라 인력과 척력이 작용한다.

실생활에서 활용되는 작용 반작용의 법칙은 다음과 같다.

스케이트보드를 탈 때 발로 땅을 밀면 스케이트보드가 앞으로 나간다. 땅을 미는 힘이 작용할 때 반작용으로 스케이트보드를 미는 힘이 작용하게 되는 것이다. 우리가 땅 위에서 걸을 수 있는 것도 작용 반작용 법칙 덕분이다. 또 로켓이 발사될 때도 작용 반작용 법칙을 따른다. 로켓이 기체를 뒤쪽으로 뿜어내면서 앞으로 날아가게 되는 것이 작용 반작용 법칙이다.

갈수록 빠른 수송 능력을 자랑하는 자기부상열차 역시 작용 반작용 법칙을 활용한 것이다.

스케이트보드.

자기부상열차.

우리는 작용과 반작용의 법칙을 어떻게 확인할 수 있을까?

카누를 타고 노를 저어보자. 노를 뒤로 저으면 카누가 앞으로 나간다. 노로 물을 밀면 물이 같은 힘으로 배를 미는 것을 볼 수 있다.

이렇게 두 물체 사이에는 서로 밀거나 당기는 힘이 작용하는데 이를 두 물체의 상호작용이라 한다. 이와 같이 상호작용하는 두 물체는 같은 크기의 힘이 서로 반대방향으로 가해지고 있다.

물체가 움직이거나 멈춰 있을 때도 작용 반작용의 법칙이 작용한다. 이 작용 반작용의 법칙은 뉴턴의 운동법칙 중 제3법칙이다.

운동량 보존법칙

닫힌계에서는
상호작용의 종류와 관계없이
전체 운동량은 보존된다.

물리학이란 어떤 물리적 시스템의 시간에 대한 변화를 살피는 학문인 만큼 수많은 보존법칙들이 있다. 그 중 운동량 보존법칙은 에너지 보존법칙과 함께 자연 현상을 지배하는 기본 법칙으로 꼽히며 물리학에서는 매우 중요한 법칙이다.

아이작 뉴턴.

뉴턴이 운동량 보존법칙을 실험하기 위해 고안한 장치인 뉴턴의 크래들 복제품.

운동량 보존법칙을 살펴보기 위해서는 뉴턴의 운동 제3법칙을 알아야 한다. 제3법칙을 통해 물체의 운동량을 살펴보자.

물체의 운동량은 물체의 질량과 물체의 속도의 곱이다. 이를 뉴턴의 제3법칙과 연관지어 보자.

물체 1과 물체 2가 충돌하면 항상 작용 반작용 법칙이 성립한다.

$$\vec{F_1} = -\vec{F_2} \text{이므로} \quad m_1 \times \vec{a_1} = -m_2 \times \vec{a_2}$$

가속도 a 대신 시간에 따른 속도 변화를 대입하면 다음과 같다.

$$m_1 \times \frac{\Delta v_1}{\Delta t} = -m_2 \times \frac{\Delta v_2}{\Delta t}$$

양변에 Δt를 곱하면 다음과 같다.

$$m_1 \times \Delta v_1 = -m_2 \times \Delta v_2$$

충돌 전의 속도를 v_1과 v_2로, 충돌 후의 속도를 $v_1{'}$과 $v_2{'}$로 표시하여 식에 넣으면 다음과 같다.

$$\Delta v_1 = v_1' - v_1, \ \Delta v_2 = v_2' - v_2$$
$$m_1 \times (v_1' - v_1) = -m_2 \times (v_2' - v_2)$$

괄호를 풀면 다음과 같다.

$$m_1 \times v_1' - m_1 \times v_1 = -m_2 \times v_2' + m_2 \times v_2$$

양변의 항을 이항하여 정리하면 다음과 같다.

$$m_1 \times v_1' + m_2 \times v_2' = m_1 \times v_1 + m_2 \times v_2$$

결과를 보면 충돌 전과 충돌 후의 물체의 운동량의 합은 동일하다.

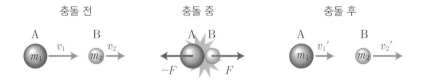

뉴턴의 운동 제2법칙과 연관지어 보면 외부에서 아무런 힘도 작용하지 않는 경우 물체의 속도는 변하지 않는다. 속도의 변화가 없으면 운동량이 변하지 않는다.

역학적 에너지 보존법칙

마찰이 없는 닫힌계에서는
역학적 에너지의 합은 일정하다.

역학적 에너지 = 위치에너지 + 운동에너지
= 일정

많은 사람이 즐기는 롤러코스터는 역학적 에너지 보존법칙이 적용되는 놀이기구이다. 롤러코스터는 에너지를 이용해 가장 높은 곳까지 올라간 뒤 그 후에는 어떤 힘도 가해지지 않은 상태에서 신나게 떨어졌다가 다시 올라갔다를 반복한다. 처음 출발할 때의 위치에너지를 도착할 때까지 필요한 에너지로 사용하는 것이다.

이때 만약 마찰이나 공기 저항이 없다면 여러분은 롤러코스터에 타는 순간 다시는 내리지 못할 수도 있다.

롤러코스터는 역학적 에너지 보존법칙을 활용한 놀이기구이다.

  역학석 에너지 보손법직을 확인해볼 수 있는 실험은 다음과
같다.

  질량이 m인 물체가 높이 h에 있다. 이 물체가 가지고 있는 에
너지를 살펴보자.

  이 물체가 중력에 대하여 갖는 에너지를 위치에너지라고 한다.
높이가 h일 때 위치에너지는 다음 식으로 나타낼 수 있다.

$$W(\text{위치에너지}) = m \times g \times h$$

  이 물체가 운동할 때 가지는 에너지를 운동에너지라고 한다. 속
력 v일 때의 운동에너지는 다음 식으로 나타낼 수 있다.

$$W(\text{운동에너지}) = \frac{1}{2} \times m \times v^2$$

  위치에너지와 운동에너지를 역학적 에너지라고 한다. 이 물체
가 높이 h에서 멈춰 있을 때는 위치에너지만 있고 운동에너지
는 0이다. 이 물체가 바닥에 닿는 순간에 위치에너지는 0이 되고
운동에너지만 있다. 물체가 떨어질 때 공기저항이나 마찰이 없었
다는 가정 하에 이 물체가 높이 h에서 가지고 있던 위치에너지는
물체가 떨어지면서 서서히 운동에너지로 바뀌어 바닥에 닿는 순

간 모두 운동에너지로 변한 것이다.

그렇다면 높이가 $\frac{1}{2}h$일 때 에너지는 어떻게 변했을까? 위치에너지는 높이 h일 때의 절반으로 줄어들고 운동에너지는 위치에너지가 줄어든 만큼 늘어났다.

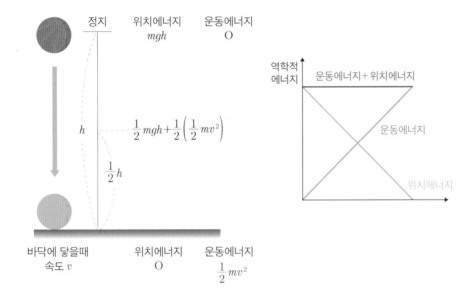

마이어의 열역학 제1법칙
(에너지 보존법칙)

에너지는 만들어지거나 사라지지 않고

형태만 바뀔 뿐

총에너지량은 일정하다.

독일의 율리우스 로베르트 폰 마이어는 1841년에 '에너지 보존법칙'을 발표했다. 그 뒤 줄, 리비히, 윌리엄 톰슨, 패러데이 등 많은 과학자들이 에너지 보존에 대한 실험을 했고 헬름홀츠가 에너지 보존에 대한 수학적인 관계식을 개발하면서 과학자들은 에너지 보존법칙을 받아들이게 되었다.

율리우스 로베르트 폰 마이어.

현재 밝혀진 바에 따르면 우주에 존재하는 에너지의 총량은 우주가 만들어질 때 존재했던 에너지의 총량과 같다.

우주의 시작 때 존재했던 에너지의 총량과 현재 우주에 존재하는 에너지의 총량은 같다.

마이어의 열역학 제1법칙에 관한 실험은 다음과 같다.

찌그러진 탁구공에 열을 가하면 찌그러진 부분이 펴진다. 어떻게 된 일일까? 탁구공을 만져보면 따뜻하다. 탁구공 안의 내부에너지가 증가했다는 것을 알 수 있다. 즉, 탁구공에 가한 열에너지가 탁구공 안의 내부에너지를 증가시키고 이 내부에너지의 일부가 찌그러진 부분을 펴는 일을 한 것이다.

일 W
(찌그러진 부분이 펴짐)

열 Q

내부에너지
증가 ΔU

찌그러진 탁구공

이 실험을 통해서 한 계의 내부 에너지의 변화 ΔU는 가한 열 Q에서 외부로 한 일 W를 뺀 값과 같다는 것을 알 수 있다. 식으로 나타내면 다음과 같다.

$$\Delta U = Q - W$$

예를 들어 장작을 태우면 열과 빛을 내고 재로 남는다. 나무가 가지고 있던 생체에너지는 빛에너지와 열에너지로 바뀐 것이다. 우리가 밥을 먹고 움직일 수 있는 것은 태양에너지를 받아서 만들어진 녹말(화학에너지)이 몸 안으로 들어와서 체온을 유지하는 열에너지나 근육을 움직이는 화학에너지로 사용되고 있기 때문이다.

자동차를 타거나 기계를 작동하는 등의 실생활에도 에너지 보존법칙은 적용된다.

공기 저항이나 마찰이 있을 경우 역학적 에너지는 보존되지 않는다. 왜냐하면 일부 에너지가 공기 저항이나 마찰을 통해서 열에너지로 빠져나가기 때문이다. 이 빠져나간 열에너지까지 더하면 에너지 총량에는 변함이 없게 된다.

장작을 태우면 열과 빛을 내고 재로 남는다.

우리는 음식을 통해 활동할 수 있는 에너지를 얻는다.

열역학 제2법칙

열은 스스로 차가운 물체에서 뜨거운 물체로
이동할 수 없다.

클라우지우스

열원에서 나온 열을 전부 일로 바꿀 수는 없다.

켈빈-플랑크

따뜻한 커피잔에 손을 대보자. 커피잔의 열이 손으로 전달된다. 커피잔과 손의 온도가 같아지면 더 이상의 열 이동은 없다. 커피잔이 다시 스스로 따뜻해지진 않는다.

이와 같은 원리를 가진 열역학 제2법칙은 냉장고와 에어컨, 보일러 등에 이용되고 있다.

열은 온노가 높은 곳에서 낮은 곳으로 이동하지만 거꾸로 온도가 낮은 곳에서 높은 곳으로 이동하지 않는다. 온도가 낮은 곳에서 높은 곳으로 열을 이동시키려면 외부에서 일을 해주어야만 한다. 열역학적 상태 변화는 한 방향으로 반응이 일어나는 비가역적인 과정이다. 비가역적 과정에서 계의 엔트로피는 증가한다.

따뜻한 컵   열이동   차가운 손

니콜라 레오나르 사디 카르노^{Nicolas Léonard Sadi Carnot}는 카르노 열기관을 통해서 가해진 열을 일로 완전히 전환할 수 없다는 사실을 밝혀냈다. 고온의 열원으로부터 받은 열을 가지고 열기관은 일을 하고 에너지 일부를 열로 방출한다. 이 방출되는 열을 막을 수가 없다.

카르노의 순환 기관이 가해진 열에서 얼마나 많은 일을 할 수 있는지 효율을 구하는 식은 다음과 같다.

$$\eta = \frac{T_2}{1 - T_1}$$

카르노의 연구를 기반으로 독일의 루돌프 클라우지우스는 1850년에 '열역학 제2법칙'을 발표하고 열이 교환될 때 변화하는 상태의 크기 S를 엔트로피라고 부를 것을 제안했다.

열이 들어오고 나가는 것은 엔트로피 흐름으로 나타낼 수 있다. 비가역 과정에서 엔트로피는 증가하고 가역 과정에서 엔트로피는 변화하지 않는다. 자연현상의 대부분은 비가역 과정이며 물질과 에너지가 출입할 수 없는 고립계에서 엔트로피는 항상 증가한다. 우주도 일종의 고립계이기 때문에 우주의 엔트로피는 증가하고 있다.

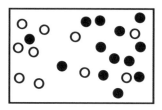
낮은 엔트로피

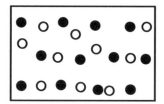
높은 엔트로피

열역학 제3법칙
(네른스트-플랑크의 열 정리)

계에서는
가장 낮은 온도인 절대 0도에
절대로 도달할 수 없다.

독일의 발터 헤르만 네른스트[Walther Hermann Nernst]는 1906년에 열역학 제 3법칙인 '네른스트의 열 정리'를 발표했다. 열역학 과정에서의 엔트로피의 변화는 절대온도가 0에 가까워지면 엔트로피의 변화도 0에 가까워진다는 것이 네른스트의 주장이었다.

독일의 발터 헤르만 네른스트.

막스 카를 에른스트 루드비히 플 랑크는 1913년에 절대온도 0K에서 순수하고 완전한 결정체인 엔트로피는 0이 된다고 했다.

절대온도 0도에 가까운 극저온에서는 금속이 전이온도 이하로 냉각되면 전기저항이 사라지는 초전도 현상과 액체의 점성저항이 0이 되는 초유동 현상 같은 특수한 물리적 현상이 일어난다.

열역학 제3법칙을 확인할 수 있는 방법은 다음과 같다.

물질은 온도에 따라 분자의 운동 정도가 달라진다. 온도가 올라갈수록 물질은 제멋대로 움직이려고 한다. 에너지 또한 자꾸 흩어지려고 한다. 이러한 에너지의 무질서도를 엔트로피라고 한다.

온도가 올라가면 분자의 운동은 활발해지고 엔트로피가 증가한다. 온도가 내려가면 분자의 운동은 둔해지고 엔트로피는 감소한다. 분자가 움직이면서 차지하는 공간이 부피이다. 그런데 샤를의 법칙에 따르면 기체는 온도 1℃가 변함에 따라 부피가 원래 부피의 $\frac{1}{273}$ 만큼씩 달라진다.

$$V_t = V_0\left(1 + \frac{t}{273}\right) \quad (V_0: 0℃ \text{ 때의 부피}, \ V_t: t℃ \text{ 때의 부피})$$

이 식에 따르면 온도가 −273℃가 되면 기체의 부피가 0이 된다. 부피가 0이 된다는 것은 물질의 움직임이 0이 된다는 것이다. 하지만 자연계에서 물질의 부피나 움직임은 0이 될 수 없다. 기체의 부피가 0이 되기 전에 승화나 액화를 통해 물질의 상태가 변화하기 때문이다.

따라서 실제 온도는 절대영도까지 내려갈 수가 없다. 온도가 절대영도에 가깝게 다가갈수록 엔트로피 또한 0에 가까워진다.

이론적으로 물질의 부피가 0이 되는 −273℃를 절대영도라고 하며 절대영도를 기준으로 하는 절대온도는 K(켈빈)을 단위로 쓴다.

도플러 효과

물체와 관측자의 상대 위치가 변화하면
파동의 진동수에 생기는 변화.

오스트리아의 물리학자인 크리스티안 도플러는 1842년에 서로를 돌고 있는 이중성의 색깔이 달라지는 원인을 연구하다가 지구와의 거리가 가까워지느냐 아니면 멀어지느냐에 따라 달라진다고 예측했다.

크리스티안 도플러.

1845년에는 네덜란드의 기상학자인 크리스토프 발로트가 트럼펫 연주를 이용한 실험을 했다. 그 결과 정지한 상태로 연주한 트럼펫 소리와 달리는 기차에서 연주한 트럼펫은 같은 음을 연주했음에도 듣는 사람은 음의 차이를 느낄 수 있었다.

이 효과는 도플러의 이름을 따서 도플러 효과라고 부르게 되었다.

후에 프랑스 물리학자인 피조가 별로부터 오는 빛을 관측하면서 도플러 효과는 소리뿐 아니라 빛으로까지 확장되었다.

오늘날 천문학자들은 행성이나 별, 은하의 움직임이나 속도를 알기 위해 도플러 효과를 이용한다. 천체가 우리에게 가까워지면 빛의 청색편이가 일어나고 멀어지면 적색편이가 일어난다. 그런데 대부분의 은하에서 오는 빛은 적색편이로, 이를 통해 우주가 팽창하고 있다는 것을 알 수 있다.

스피드건도 도플러 효과를 이용한다. 스피드건에서 방출한 전파의 진동수와 차량에 반사되어 돌아온 전파의 진동수 차이로 자동차의 속도를 알 수 있다. 야구 경기에서 투수가 던진 공의 속도가 바로바로 전광판에 뜨는 것도 도플러 효과를 이용한 스피드건 덕분이다.

스피드건을 사용해 교통 단속 중인 교통 경찰의 모습.

앰블런스가 사이렌을 켜고 빠르게 내 옆을 지나간다. 분명 앰블러스의 사이렌 소리는 같을텐데 가까이 다가올 때와 멀어질 때 소리가 다르게 들린다. 왜 그럴까?

그림에서 보듯이 앰블런스가 소리의 진행방향과 같은 방향으로 움직이면 음파가 서로 겹치게 되어 파동 사이 간격이 짧아진다. 따라서 앰블런스가 나와 가까워질수록 소리의 파장이 짧아지고 진동수가 증가하여 높은 소리가 들린다.

하지만 앰블런스가 나를 지나쳐 소리의 진행방향과 반대방향이 되면 이웃한 파동 사이의 간격이 멀어져 소리의 파장이 길어지고 진동수가 감소하여 낮은 소리가 들리게 된다.

줄의 법칙

전류가 흐르는 도선에서 발생하는 열량은
도선의 저항과 전류의 제곱, 전류가 흐른 시간에
비례한다.

$$Q = I^2 \times R \times t$$

(Q: 열량, I: 전류, R: 저항, t: 전류가 흐른 시간)

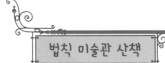

1841년 영국의 물리학자인 제임스 줄이 발견한 줄의 법칙은 현대인의 생활 전반에서 발견할 수 있다. 백열등, 용접기, 전기손난로, 전열기, 헤어드라이어, 다리미 그리고 미세먼지가 많은 요즘 현대의 필수품이 된 전기 건조기 등이 모두 줄의 법칙을 이용한 전기기구이다.

전기다리미의 발열부에는 저항이 큰 니크롬선이 들어 있어서 자유전자가 니크롬선을 통과하면서 받는 저항으로 발생한 열이 쇠로 된 다리미판을 달구어서 옷을 다릴 수 있게 된다.

이처럼 우리 삶을 편리하고 간편하게 만든 중요한 발견이 바로 줄의 법칙인 것이다.

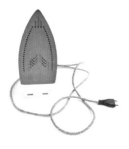

다리미와 전기 건조기는 우리의 삶의 질을 높였다.

줄의 법칙을 확인할 수 있는 실험은 다음과 같다.

전기회로에 백열등을 연결하고 그 옆에 온도계를 설치한다. 전류의 세기를 바꾸면서 온도를 재어보고 백열등의 필라멘트를 저항의 크기가 다른 필라멘트로 교체하면서 온도를 재어본다. 계속해서 같은 전류와 저항일 때 전류가 흐르는 시간을 다르게 해서 온도를 재어본다.

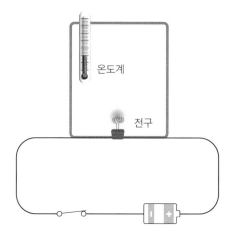

전류의 세기가 세질수록 온도가 높아지고 필라멘트의 저항이 클수록 온도가 높아진다.

같은 전류와 저항일 때 전류가 흐른 시간이 길수록 온도는 올라간다.

도선 내에 전류가 흐를 때 즉, 전자가 움직이면서 도선의 금속 원자와 충돌하면서 전자가 가진 운동에너지를 금속 원자가 받게 된다. 금속 원자의 진동이 커졌다가 다시 원래 상태로 돌아가면서 열이 방출된다. 전류가 세면 전자의 이동이 많아지므로 충돌이 많이 일어나서 충돌에 의한 열이 많이 발생한다.

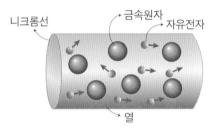

충돌하면서 열 발생

코리올리의 힘

회전하는 좌표계에 작용하는 가상의 힘.
지구의 자전 때문에 생기는 힘으로
전향력이라고도 한다.

코리올리의 힘은 현대인의 삶을 어떻게 바꾸고 있을까?

제4차 산업혁명시대에 중요한 분야 중 하나가 우주 산업이다. 그중에서도 핵심이 되는 우주선의 발사와 궤도를 계산할 때 코리올리의 힘이 이용된다.

프랑스 과학자 레옹 푸코는 지구의 자전을 증명하기 위해 푸코의 진자를 고안해냈다. 그리고 이 푸코의 진자의 움직임이 지구 자전방향의 반대방향으로 회전하는 것은 코리올리의 힘이 영향을 주기 때문이다. 결국 이론으로만 전해지던 지구의 자전은 푸코의 진자 실험을 통해 눈으로 확인할 수 있었다.

챌린저 호가 우주를 향해 발사되고 있다.

코리올리의 힘을 살펴보는 실험은 다음과 같다.

놀이터 회전놀이기구(일명 뺑뺑이)에 올라탄 뒤 빙빙 도는 회전놀이기구 위에서 공을 바닥에 굴려본다. 똑바로 굴리려고 아무리 노력해도 공은 휘어지면서 굴러가는 것을 볼 수 있을 것이다.

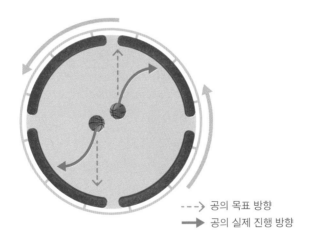

‐ ‐ ‐> 공의 목표 방향
━━> 공의 실제 진행 방향

회전놀이기구가 돌아가고 있기 때문에 그 위에 있는 공은 원래 경로에서 벗어나는 겉보기힘을 가지게 되는데 이를 코리올리의 힘 또는 코리올리 효과라 한다.

지구의 북반구와 남반구에서 고기압과 저기압 주변에 부는 바람의 방향이 다른 이유도 코리올리의 힘 때문이다. 북반구에서는 모든 물체의 운동이 코리올리의 힘에 의해 오른쪽으로 힘을 받기 때문에 저기압의 중심으로 반시계 방향으로 바람이 돌아서 들어가고 고기압의 중심에서는 시계 방향으로 바람이 불어나간다. 남반구는 반대방향으로 바람이 만들어진다. 가스파르 드 코리올리는 1835년 열대성 저기압인 태풍의 움직임을 수학적으로 풀어서 발표했다.

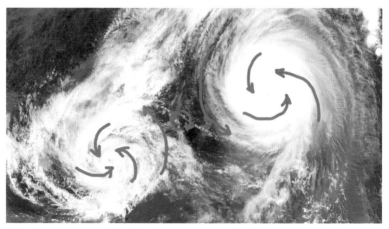

태풍 멜로르와 페르마에서 선명하게 보이는 코리올리 힘.

지구의 대기와 해류 순환에도 코리올리의 힘이 작용한다. 지구가 자전할 때 적도 쪽 속력이 가장 빠르고 극으로 갈수록 속력이 느려진다. 코리올리의 힘은 적도에서는 0이며 위도가 커질수록 효과도 커진다. 북반구에서는 운동방향에 대해 오른쪽으로 휘어지고 남반구에서는 운동방향에 대해 왼쪽으로 휘어진다.

위도별로 다르게 나타나는 대기와 해류의 움직임은 위도에 따라 받는 태양에너지의 차이와 지구의 자전에 의한 코리올리의 힘이 합쳐져 나타난 결과이다.

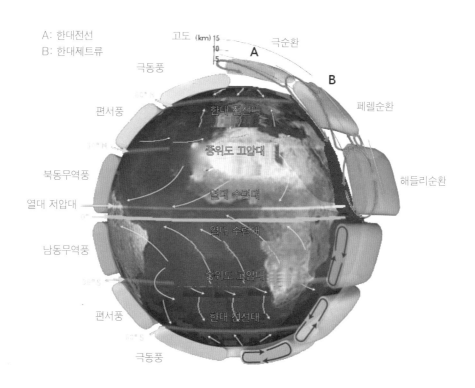

케플러의 법칙

1. 모든 행성은 태양을 하나의 초점으로 하는 타원 궤도를 따라 움직인다.

2. 같은 시간 동안 행성의 궤도가 지나가는 면적은 같다.

3. 행성의 공전주기의 제곱은 궤도 반지름의 세제곱에 비례한다.

타원 궤도의 법칙

모든 행성은 태양을 하나의 초점으로 하는 타원 궤도를 따라 움직인다.

넓이 속도 일정 법칙

같은 시간동안 행성의 궤도가 지나가는 면적은 같다.

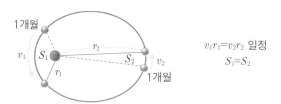

$v_1 r_1 = v_2 r_2$ 일정
$S_1 = S_2$

조화법칙

행성의 공전주기의 제곱은 궤도 반지름의 세제곱에 비례한다.

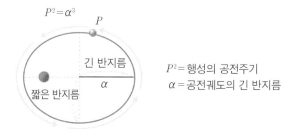

$P^2 =$ 행성의 공전주기
$\alpha =$ 공전궤도의 긴 반지름

요하네스 케플러 Johannes Kepler

독일의 천문학자로 튀빙겐 대학에서 신학
을 배우면서 지동설을 알게 되었다. 신교도
였던 케플러는 그라츠 대학에서 수학 및 천
문학을 가르치다가 신교가 박해를 당하자
프라하로 건너가 티코 브라헤(덴마크의 천문
학자)의 조수가 되었다.

요하네스 케플러

케플러는 티코가 사망하면서 남긴 화성 관측 결과를 정리하
여, 행성은 태양을 초점으로 하는 타원 궤도를 돈다고 하는 '케
플러의 법칙'인 '행성운동'의 제1법칙 및 면적 속도가 보존된다
고 하는 '행성운동'의 제2법칙을 발표했다.

그는 종교적 박해와 빈곤 속에서 살면서도 행성운동의 제3법
칙을 담은《세계의 조화 Harmonice mundi》를 발표했지만 뉴턴의 증
명 전까지는 인정받지 못했다.

케플러의 법칙은 행성뿐 아니라 태양 주위를 도는 소행성 운동
과 행성 주위를 도는 위성의 운동에도 적용된다. 뉴턴은 행성이
궤도를 따라 움직이게 하는 힘을 중력이라 생각하고 케플러 법칙
에서 중력의 법칙을 계산했다.

넨마크 전문학자인 뒤코 브라헤는 넨마크와 스웨덴 사이에 있는 벤 섬의 우라니보르크 관측소에서 수년 동안 행성 운동을 관측해서 기록했다. 브라헤의 자료는 정확성을 자랑했지만 그 자료를 이용해서 법칙을 생각해내진 못했다. 당시 사람들은 행성이 원운동을 한다고 생각했다. 그래서 관측 결과와 원운동을 일치시키기 위해 원운동 궤도에 또 다른 원운동 궤도가 지난다고 설명했다.

독일의 천문학자인 요하네스 케플러는 브라헤의 관측 자료와 원운동에 차이가 나는 것을 수년 동안 확인한 후에 행성의 운동이 원운동이 아니라 살짝 찌그러진 타원 운동이라는 것을 확인했다. 그는 모은 자료에 맞는 합리적인 추론을 해서 태양 주위를 도는 행성의 운동에 관한 세 가지 법칙을 발견했다.

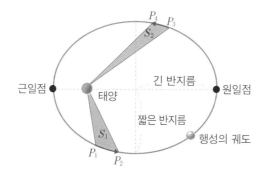

타원은 두 개의 초점을 갖는데 그중 하나의 초점에 태양을 놓고 행성의 움직임을 설명하면 관측자료와 일치했다. 행성이 태양과 가장 가까이 있는 위치를 근일점, 태양과 가장 멀리 있는 위치를 원일점이라 한다. 태양 가까이에서 돌 때는 빨리 돌고 태양에서 멀어졌을 때는 천천히 돈다는 것도 알게 되었다. 그래서 같은 시간 동안 태양과 행성을 이은 선이 지나면서 만드는 부채꼴의 넓이가 같게 된다.

이러한 운동은 피겨 선수들이 회전을 할 때 몸을 오므리면 속도가 더 빨라지는 것과 같은 원리이다. 게다가 태양에서 멀리 있는 행성일수록 공전주기가 길다는 것도 알게 되어 태양과의 거리와 행성의 공전주기 사이에 관계가 있다는 것을 발견했다.

피겨 선수의 움직임에서도 케플러의 법칙을 찾아볼 수 있다.

뉴턴의 중력 법칙

질량이 각각 m_1, m_2이고
둘 사이 거리가 r인 두 물체에 작용하는 중력은
두 물체의 질량의 곱에 비례하고
두 물체 사이의 거리 제곱에 반비례한다.

$$F = G \times \frac{m_1 \times m_2}{r^2} \quad (G\text{는 중력상수})$$

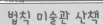

과거에는 만유인력의 법칙으로 불렸지만 현재는 중력 법칙으로 부르고 있다. 중력 법칙은 우주시대를 여는 기본 법칙이라고 할 수 있다.

중력을 이용해 지구나 태양의 질량을 구할 수 있으며 인공위성을 쏘아 올려 지구 주위를 돌면서 텔레비전이나 위성 항법장치에 이용하는 것도 가능하다. 또한 우주로의 여행을 실현시키는 우주 비행 역시 중력을 이용해야 한다.

위성이 지구 주위를 돌 수 있는 이유는 중력 법칙 때문이다.

뉴턴의 사고실험을 통해 중력 법칙을 살펴보자.

나무에서 사과가 떨어진다. 사과가 땅으로 떨어지는 건 지구가 당기는 힘 때문이다. 그런데 하늘에 떠 있는 달은 왜 안 떨어질까?

사과 대신 포탄을 쏘아보자. 포탄은 포물선을 이루면서 떨어진다. 계속해서 대포로 포탄을 쏘아보자. 좀 더 멀리 포물선을 그리며 떨어질 것이다. 그렇다면 더 세게 멀리 던지면 어떻게 될까? 속도가 아주아주 빠르면 포탄은 지구 주위를 돌게 된다. 이는 달

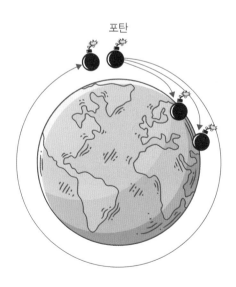

포탄

과 지구의 관계에도 적용된다. 즉 달도 지구를 향해 떨어지고 있다고 생각할 수 있다. 지구와 달이 서로 잡아당기면서 회전하고 있는 것이다.

두 물체가 서로 잡아당기는 힘은 두 물체의 질량 곱에 비례하고 두 물체 사이 거리의 제곱에 반비례한다. 우주에 있는 모든 물체는 서로 잡아당긴다. 그런데 지구와 사과가 같은 힘으로 당기는데 왜 사과만 떨어지는 것 같을까? 사과에 비해 지구의 질량이 워낙 크기 때문에 지구의 움직임은 너무 느려 사과의 가속도만 눈에 보이는 것이다.

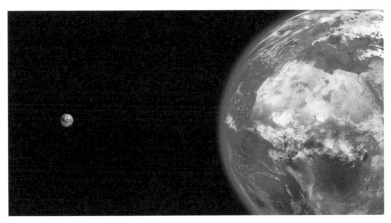

달과 지구.

베르누이의 법칙

유체의 흐르는 속도가 빨라지면
압력이 작아지고 속도가 감소하면
유체의 압력이 커진다.

$$P + \frac{1}{2} \times \rho \times v^2 = 일정$$

(단 유체가 마찰이 없고 등속으로 흐를 때)

P : 유체 정역학적 압력, ρ : 유체의 밀도, v : 유체의 속도

여러분은 고층 건물 사이의 좁은 통로나 터널에서 공기의 속도가 빨라지는 것을 경험한 적이 있을 것이다. 탐정 스토리를 좋아한다면 대나무가 우거진 이웃집의 살인사건 목격자의 증언이 진실인지 거짓인지를 증명할 때 위와 같은 상황이 나오는 것을 본 기억도 있을 것이다. 베르누이의 법칙을 응용한 수사의 예이다.

자연현상에서 찾아낸 베르누이의 법칙은 스위스의 물리학자인 다니엘 베르누이가 유체의 속도와 압력의 관계를 정리한 것으로, 다양하게 응용되어 실생활에서 이용되고 있다.

고가의 가격을 자랑하는 날개 없는 선풍기나 좁은 관 속으로 바람을 불어서 물을 안개처럼 뿜도록 만든 분무기는 모두 베르누이 법칙을 응용하여 만든 것이다.

날개 없는 선풍기.

비행기가 나는 것도 이 원리를 이용한 것이다. 유선형 날개의 위쪽이 아래쪽보다 공기의 흐름이 빠르다. 공기가 빨리 흐르면 압

비행기.

력이 작아지고 상대적으로 공기 흐름이 느린 아래쪽의 압력이 커
진다. 그 결과 압력이 큰 아래쪽에서 압력이 작은 위쪽으로 밀어
올리는 힘이 발생한다. 이 힘을 양력이라고 한다. 물론 비행기가
나는 데는 양력 외에도 항력 같은 다른 힘이 함께 작용한다.

베르누이의 법칙은 어떻게 확인해볼 수 있을까?

지름이 다른 파이프를 이용해 흐르는 물의 압력을 측정해보자. 지름이 줄어들수록 물의 속력이 빨라지는 것을 확인할 수 있다. 이어서 물의 속력이 빨라질 때의 압력을 측정한다. 물의 속력이 빨라질수록 물이 벽에 가하는 압력이 줄어든다. 물의 속력이 느리면 내부 압력이 증가한다.

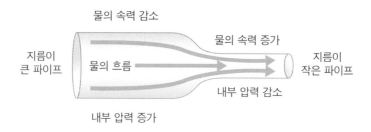

길게 자른 종이 조각 두 개로도 베르누이 원리를 확인할 수 있다. 종이 조각 두 개를 나란히 놓고 그 사이로 바람을 불면 종이 조각이 서로 가까워진다. 공기가 빨리 지나가면서 두 개의 종이 조각 사이 공간의 기압이 낮아졌기 때문이다. 상대적으로 압력이 큰 주변 공기가 밀면서 두 종이 조각이 가까워지게 된 것이다.

빛의 반사 법칙

입사 광선과 반사 광선은
동일한 평면에 있고
입사각과 반사각의 크기는 같다.

빛의 반사는 실생활에서 다양하게 이용된다. 현미경의 반사경이나 자동차의 전조등, 치과 치료용 거울은 오목거울이다. 오목거울은 가까이 있는 물체는 크게 보이게 하고 멀리 있는 물체는 작아 보이게 하는 동시에 거꾸로 보이게 한다.

전조등-오목거울.

자동차의 측면 거울이나 도로의 반사경, 매장 안 거울은 볼록거울이다. 볼록거울은 실물보다 상은 작지만 넓은 곳을 볼 수 있게 해준다.

측면거울-볼록거울.

그렇다면 고대에는 빛을 어떻게 생각했을까? 빛의 속도는 무한대일까, 아니면 유한한 값일까? 빛은 눈에서 나오는 것일까, 아니면 눈으로 들어가는 것일까? 이런 질문은 여러 세기 동안 논의되었다.

고대 그리스의 아리스토텔레스는 빛이 움직이지 않는다고 주장했다. 알렉산드리아의 헤론[Heron of Alexandria, ?~?]은 눈을 뜨자마자 별이나 태양을 볼 수 있는 것으로 보아 빛은 무한대의 속도로 이동한다고 주장했다. 엠페도클레스[Empedocles, B.C. ?490~?430]는 무엇인가가 움직이고 있으며, 움직이는 것은 유한한 속도로 움직여야 한다고 주장했다. 유클리드[Euclid, B.C. 330~275]와 프톨레마이오스[Ptolemaeos, ?~?]는 우리가 어떤 것을 보기 위해서는 눈에서 빛이 나와야 한다고 했다.

1021년에 알하젠[Alhazen, Ibn al-Haitham, ?965~?1039]은 실험을 통해 빛이 물체에서 눈으로 이동한다는 것을 증명했고, 빛은 유한한 속도로 이동한다고 주장했다. 같은 시기에 알 비루니[al-Biruni, 973~1048]는 빛의 속도가 소리의 속도보다 빠르다고 제안했다. 터키의 천문학자 알딘[Taqi al-Din, 1521~1585] 역시 빛의 속도는 유한하다며 굴절을 설명하기 위해 밀한 매질에서는 속도가 느려진다고 주장했다. 또한 그는 색깔에 대한 이론을 발전시켰고 반사를 올바르게 설명하기도 했다.

1600년대에는 독일의 천문학자 케플러[Johannes Kepler, 1571~1630]와 프랑스의 철학자이자 수학자, 물리학자였던 데카르트[René Descartes, 1596~1650]가 빛의 속도가 무한하지 않다면 월식 때 태양, 달, 지구가 일직선으로 배열하는 것이 아니라고 주장했다. 케플러는 1604년에 출간한 《천문학의 과학적인 부분》에서 바늘구멍 사진기의 원리로 빛의 직진 현상, 평면거울과 오목거울에서의 빛의 반사현상을 설명해 광학 분야의 탄생을 이끌었다. 또한 그는 일식과 월식, 별들의 겉보기 위치에 미치는 대기의 영향을 설명했다.

스넬Willebrord van Roijen Snell, 1580~1626는 1621년에 굴절의 법칙(스넬의 법칙)을 발견했다. 그 직후 데카르트는 스넬의 법칙을 이용해 무지개가 생기는 것을 설명했다.

호이겐스Christiaan Huygens, 1629~1695는 광학에 관련된 저서를 통해 빛이 파동이라고 주장했다. 뉴턴은 프리즘을 이용한 실험결과를 담은 《색깔의 이론(1672년)》을 출판했다. 그는 망원경의 렌즈가 상에 색깔을 나타나게 하는 원인이라 생각하고 오목거울을 이용한 반사망원경을 발명하여 이 문제를 해결했다. 뉴턴은 빛은 무게가 없는 미립자로 이루어졌다고 믿었다.

1665년, 그리말디Francesco Grimaldi, 1618~1663는 빛의 파동설에 대한 연구를 《Physico-Mathesis de Lumine》에 담았다. 1803년에 토머스 영Thomas Young, 1773~1829은 하나 또는 두 개의 슬릿을 이용한 실험을 통해 빛의 굴절과 간섭을 설명했다.

프레넬Augustin Jean Fresnel, 1788~1827과 푸아송Siméon Poisson, 1781~1840은 이론연구와 실험을 병행하여 1815년과 1818년에 빛의 파동 이론의 기초를 확립했다.

케플러의 빛의 반사법칙을 살펴보자.

평평하고 매끄러운 거울면에 레이저 광선을 쏘아보면 빛이 가는 길을 볼 수 있다.

거울면과 수직을 이루는 법선을 그리고 입사 광선과 반사 광선이 지나는 길을 표시해보면 법선과 입사 광선이 이루는 각과 법선과 반사 광선이 이루는 각이 같다.

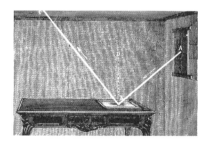
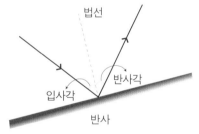

입사각을 다르게 하면서 반사각의 변화를 살펴보자. 각도를 다르게 해도 입사각과 반사각은 같다. 빛은 같은 매질 안에서는 직선으로 움직인다. 그러다가 매질이 달라지면 흡수되거나 반사되거나 굴절된다. 빛이 반사될 때는 반사 법칙에 따른다.

호수면에 풍경이 그대로 비춰 보이는 거울상이 보이는 것은 바로 이 빛의 반사 법칙 때문이다.

거울상이 보이는 경우는 거울이나 호수면처럼 매끄러운 표면에 빛이 반사될 때 반사각이 평행하게 반사되는 경우로 정반사라고 한다. 하지만 울퉁불퉁한 표면에 빛이 반사될 때는 반사법칙대로 반사되면서 각각에서 반사된 빛이 여러 방향으로 나가게 된다. 이 경우를 난반사라고 한다. 모습이 그대로 비춰 보이는 건 정반사이고 달을 지구 어디서나 볼 수 있는 건 난반사 때문이다.

빛의 정반사로 보이는 거울상.

스넬의 법칙
(굴절법칙)

빛이 매질1에서 매질2로 진행하면서
굴절할 때 입사각과 굴절각의 사인 값의 비는
매질에 따라 그 값이 일정하다.

$$\frac{\sin a}{\sin b} = \frac{n_2}{n_1} = n_{12}$$

(입사각 a, 굴절각 b,
n_{12}는 매질1에 대한 매질2의 상대굴절률)

1620년경 네덜란드의 물리학자인 스넬이 발견한 굴절법칙은 음료잔에 넣은 빨대가 꺾어져 보이는 현상이나 물속에 잠긴 다리가 짧아 보이는 현상을 통해 확인할 수 있다. 이는 모두 빛의 굴절에 의한 현상으로, 스넬의 법칙은 빛을 포함한 파동이 굴절할 때 모두 적용되는 법칙이다.

낮에는 소리가 위로 올라가고 밤에는 소리가 아래로 내려오는 현상은 파동이 매질에 따라 속력이 달라지면서 일어나는 굴절현상이다.

빛이 굴절률이 큰 매질에서 굴절률이 작은 매질로 진행할 때 입사각이 커지다가 일정 각도를 넘어서면 굴절되지 않고 모든 빛이 반사가 되는데 이를 전반사라고 한다. 전반사는 광섬유를 만드는데 이용되며 이렇게 만든 광섬유는 정보의 손실을 최소화하면서 통신이나

산업 및 기술 분야에서 사용하는 내시경 카메라.

영상을 전송할 수 있다. 그래서 광섬유는 내시경이나 광통신 등에 주로 사용한다.

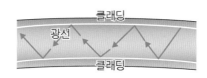

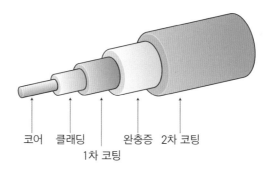

광섬유의 구조도

스넬의 법칙 즉 굴절법칙은 쉽게 확인해볼 수 있다.

우유를 한두 방울 떨어뜨린 물에 레이저 광선을 쏘아보면 빛이 직선으로 가다가 물의 표면에서 꺾이는 것을 볼 수 있다. 또 컵에 물을 따르고 연필을 넣었을 때도 확인 가능하다.

공기에서 물로 들어갈 때는 입사각보다 굴절각이 작아지고 물에서 공기로

물의 굴절.

나올 때는 입사각보다 굴절각이 커진다. 빛은 매질에 따라 굴절률이 달라진다. 게다가 매질의 경계면과 빛이 이루는 각도에 따라서도 빛이 굴절되는 정도는 달라진다. 매질에 따라 굴절률이 달라지는 것은 빛이 각 매질을 통과할 때 속력이 달라지기 때문이다.

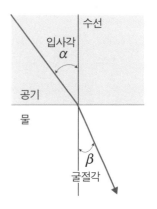

굴절률은 진공에서의 빛의 속력과 물체에서의 빛의 속력의 비
로 나타낼 수 있다.

$$굴절률(n) = \frac{진공에서의\ 빛의\ 속력(c)}{물체에서\ 빛의\ 속력(v)}$$

매질에 따른 절대굴절률은 다음 표와 같다.

매질	굴절률(n)
진공	1.00
공기	1.003 (보통 1로 본다)
물	1.33
유리	1.52
수정	1.54
납유리	1.61
다이아몬드	2.42

빛의 속도가 느릴수록 굴절률이 커지고 굴절률이 크면 굴절각
이 작다.

페르마의
최단시간의 법칙

빛은 시작점에서 도착점으로 이동할 때
여러 이동 경로 중에서
가장 시간이 적게 드는 경로로 이동한다.

A.D. 1세기에 알렉산드리아의 기하학사 헤론은 빛이 최단거리로 이동한다고 생각했다. 하지만 빛이 최단거리로 이동하는 건 빛의 속도가 항상 일정할 때만 가능하며 반사현상을 설명할 수는 있지만 굴절 현상은 설명하지 못했다. 그래서 페르마는 자연에서 일어나는 일은 가능한 시간을 적게 들이는 쪽으로 일어난다는 경제 원리를 적용하여 빛이 반사 표면과 만나는 두 점 사이를 최단 시간이 걸리는 경로를 선택하여 이동한다고 제안했다. 이를 통해 빛의 반사현상과 굴절 현상의 설명이 가능해졌다.

개미가 먹이를 찾으러 갈 때도 페르마의 원리에 따라 이동한다고 한다. 최근 연구에 따르면 개미가 가장 짧은 거리를 선택하는 것뿐만 아니라 지표면 상태에 따라 짧은 시간이 걸리는 경로를 따라간다는 것이 밝혀졌다. 표면 상태가 다른 두 바닥을 거쳐서 먹이가 있을 경우 개미는 출발점과 먹이를 잇는 직선으로 움직이지 않고 경계면에서 꺾이는 선 모양의 길을 따라갔다.

개미는 페르마의 최단시간의 법칙을 따라 행동한다.

　레이저 광선을 쏘아보자. 매질이 같은 곳에서는 직선으로 나아
간다. 매질이 달라지면 반사하거나 굴절한다. 매질이 같은 곳을
지나갈 때 빛의 속도는 일정하기 때문에 직선 거리가 최단거리이
면서 가장 시간이 적게 드는 경로이다. 매질이 다른 곳을 지나갈
때는 빛의 속도가 달라지게 되므로 매질이 달라지는 경계에서 빛
이 반사하거나 굴절하는데 이때 모두 최단시간으로 갈 수 있는 길
을 따라간다.

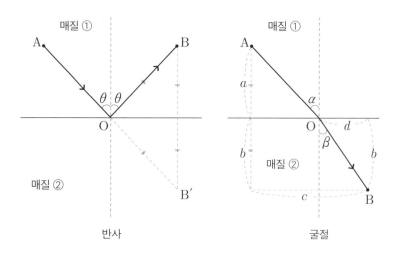

반사 그림을 보면 A−O−B 길과 A−O−B′ 길의 거리가 같다는 걸 알 수 있다. 그래서 입사각과 반사각이 같을 때 빛이 최단거리를 지나게 된다.

굴절의 경우에는 매질 1과 매질 2에서의 빛의 속도를 v_1, v_2라고 할 때 빛이 A−O−B로 갈 때 걸리는 시간 t를 피타고라스의 정리를 이용하여 다음과 같이 나타낼 수 있다.

$$t = \frac{\sqrt{a^2 + (c-d)^2}}{v_1} + \frac{\sqrt{b^2 + d^2}}{v_2}$$

t를 최소로 하려면 빛의 속도가 빠른 매질에서 이동거리를 길게 하고 속도가 느린 매질에서 이동거리를 짧게 하는 편이 두 매질에서의 이동거리가 같을 때보다 오히려 시간이 적게 든다.

호이겐스의 원리
(하위헌스의 원리)

파면의 모든 점은 기본 파동의 출발점이 되어
새로운 파원으로 작용한다.
기본 파동은 원래 파동과 동일한 속도와 진동수로
전파되며 서로 중첩되어
새로운 파면을 만든다.

크리스티안 호이겐스.

네덜란드의 물리학자 그리스티안 호이겐스^{Christiaan Huygens}는 빛이 진행방향과 수직인 파면을 가진 파동으로 생각하고 1690년 〈빛에 대한 보고서〉에서 호이겐스의 원리를 발표했다.

하지만 호이겐스의 원리는 사방으로 동일하게 퍼져나가는 파동을 만들 때 진행방향과 반대방향으로 생기는 파동에 대해서 설명하기도, 관측하기도 어렵기 때문에 프레넬과 키르히호프가 이를 보완했다.

파는 파면의 진행방향과 이루는 각도에 따라 그 세기가 달라지는데 파면의 진행방향 쪽으로 가장 강한 파를 만들어낸다. 그리고 그 반대방향으로는 진폭이 0인 파동이 만들어진다는 내용이 그것이다.

호이겐스의 원리를 확인할 수 있는 실험은 다음과 같다.

호수에 돌을 던지면 물결파가 생긴다. 물결파는 사방으로 고리 모양처럼 퍼지면서 무수히 많은 원들이 만들어지고 그 원들이 점점 커지면서 밖으로 퍼진다.

또한 돌이 떨어진 바로 그 지점부터 작은 원 형태의 파면이 생기고 그 원의 각 점을 중심으로 새로운 구면파가 발생된다. 이 원들이 겹쳐서 두 번째 원(새로운 파면)이 된다. 이런 식으로 계속 파면의 모든 점이 새로운 파원이 되어 기본 파동이 전파된다.

돌을 던지면 돌이 떨어진 곳을 중심으로 수많은 원이 생기고 그 주변에 새로운 파면이 생긴다.

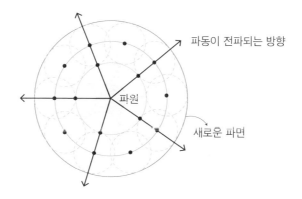

파동이 전파되는 방향

파원

새로운 파면

　좁은 슬릿에 빛을 통과시켜 보면 빛이 퍼져 나간다. 빛이 입자라면 이러한 회절 현상은 일어나지 않을 것이다. 슬릿을 통과하는 빛의 파면은 호이겐스의 원리에 따라 슬릿 평면의 모든 점에서부터 기본 파동이 생기면서 서로 간섭한다. 이 간섭현상에 의해 슬릿 뒤에서 보강 간섭과 상쇄 간섭이 교차하게 되는데 이 영역에서 줄무늬 모양이 만들어진다. 그러므로 빛의 회절은 기본 파동의 간섭으로 해석할 수 있다.

　두 개의 돌을 던져 물결파를 만들면 기본 파동의 간섭을 볼 수 있다. 물의 운동이 활발한 구간과 물이 정지한 구간이 차례로 나타나 무늬를 만든다. 하지만 각각의 파동은 형태를 유지하면서 전파된다.

　별들이 아주 가까이 있는 경우에는 빛의 회절 현상이 일어나기 때문에 별들을 서로 구별할 수가 없다.

영의 간섭 원리
(이중슬릿 실험)

빛은 파동과 같이 전파된다.

빛은 파동일까 입자일까? 이 문제는 수많은 과학자들을 괴롭혔고 천재 과학자들마저 고민하게 했다. 그리고 빛의 성질 규명은 과학사에 중요한 전환점이 되었다.

뉴턴은 빛이 입자라고 생각했고 호이겐스는 파동이라고 생각했다. 영국의 물리학자인 토머스 영은 빛의 이중슬릿 실험을 통해서 빛이 파동처럼 전파되어 간섭현상이 생긴 것을 통해 호이겐스의 원리를 증명했다.

빛은 파동일까? 입자일까?

그리고 프랑스의 물리학자인 오기스텐 프레넬이 이 간섭현상을 수학적으로 설명하여 빛의 파동설을 확립했다.

자연계에서 빛의 간섭현상은 흔히 볼 수 있다. 나비나 곤충의 날개, 공작의 깃털, 물고기의 비늘에 빛이 반사할 때 밝고 어두운 부분이 줄무늬처럼 보이는 간섭현상이 일어난다. 비눗방울에 빛이 반사할 때 여러 빛 무늬로 보이는 것도 빛의 간섭현상과 관련되어 있다.

이중슬릿 실험을 통해 영의 간섭 원리를 확인해보자.

빛이 집광렌즈와 슬릿을 통과하여 이중슬릿으로 들어가도록 비춘다. 그러면 이중슬릿 뒤에 있는 스크린에 밝고 어두운 부분이 교차하는 무늬가 나타난다. 이 무늬의 가장자리에 여러 가지 색깔의 띠도 보인다. 빛의 간섭현상이 일어난 것이다.

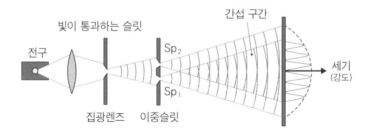

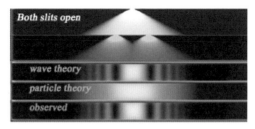

이중슬릿에서 간섭이 일어나는 모습.

두 개 이상의 파동이 서로 만나게 되면 겹쳐져서 진폭이 커지거나 작아지는 간섭현상이 나타난다. 두 물결파가 서로 간섭하게 되면 물의 운동이 활발한 구간과 물이 정지한 구간이 차례로 나타난다. 두 개의 음원이 간섭할 때도 소리가 큰 영역과 낮은 영역이 차례로 나타난다. 이렇게 물결파나 음파의 실험에서 볼 수 있는 간섭현상이 빛에서 일어났으므로 빛은 파동처럼 전파된다고 생각할 수 있다. 빛이 입자라면 이런 무늬가 나타날 수 없다.

　맥스웰과 헤르츠의 연구로 빛은 인간의 눈이 감지할 수 있는 전자기파라는 것을 알게 되었다. 빛은 횡파의 모든 성질을 가지고 있다.

물결파의 간섭현상.

앙페르의 법칙

전류가 흐르는 도선 주위에 생기는
자기장의 방향은 오른나사의 방향과 같다.
두 도선에서 전류가 흐를 때 같은 방향으로 흐르면
끌어당기는 힘이 작용하고 다른 방향으로
흐르면 밀어내는 힘이 작용한다.

넨마그의 물리학자인 외르스테드는 1820년에 전류가 흐르는 도선에서 열이 나는 실험을 강의하던 중 우연히 도선 가까이 있던 나침반의 바늘이 움직이는 것을 발견했다. 나침반은 지구 자기장에 맞춰 남북을 가리키는 자석인데 전류가 흐를 때 바늘이 움직여서 외르스테드는 의문이 생겼다. 그는 이를 연구해 전류에 의해 자기장이 형성된다는 것을 발표했고 이를 토대로 여러 과학자들은 전자기에 대한 다양한 법칙을 발표하게 된다.

앙페르는 여러 가지 실험을 통해서 전자기의 성질을 알아냈다. 프랑스의 물리학자이며 화학자인 아라고와 게이뤼삭은 철에 도선을 감아 도선에 전류를 흐르게 하면 철이 자화된다는 것을 발견했고 프랑스의 물리학자 비오와 사바르는 외르스테드의 결과를 분석해 전류가 흐를 때 자기 효과를 수식으로 나타낸 비오-사바르 법칙을 만들어냈다.

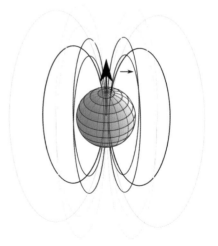

지구 자기장.

앙페르의 법칙은 어떻게 확인할 수 있을까?

그림과 같이 직선 도선 주위에 여러 개의 나침반을 놓고 전류를 흐르게 한 뒤 전류의 방향을 바꾸면서 나침반 바늘의 움직임을 살펴본다. 전류의 세기를 바꾸어보고 나침반과 도선의 거리를 바꾸면서 나침반 바늘의 움직임을 살펴본다.

나침반.

도선에 전류가 흐르면 도선 주위에 있는 나침반의 바늘이 움직인다. 전류가 흐를 때 도선 주위에 자기장이 만들어지기 때문이다. 이때 나침반의 N극이 가리키는 방향이 자기장의 방향이다.

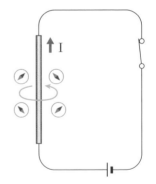

전류의 방향을 바꾸면 나침반의 바늘도 반대로 움직인다. 도선에 흐르는 전류의 방향과 도선 주위에 생기는 자기장의 방향 사이에 관계가 있음을 알 수 있다.

전류의 세기를 세게 하면 나침반 바늘의 움직임도 커진다. 도선과 나침반의 거리가 멀어질수록 바늘의 움직임은 작아진다. 자기장의 세기는 전류의 세기에 비례하고 도선과의 거리에는 반비례한다는 것을 알 수 있다.

도선에 흐르는 전류의 방향에 오른나사의 뾰족한 쪽을 향하면 나사를 돌리는 방향으로 자기장이 만들어진다. 오른나사 대신에 오른손으로도 전류와 자기장의 방향을 알아낼 수 있다.

엄지손가락을 전류의 방향으로 향하고 나머지 손가락을 감으면 네 손가락이 가리키는 방향이 자기장의 방향이 된다.

전류가 흐르는 직선 도선의
자기장.

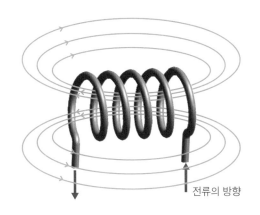

코일의 자기장.

평행하게 놓은 두 도선 사이에도 힘이 작용한다. 전류의 방향을

같게 하면 서로 끌어당기고 전류의 방향을 다르게 하면 서로 밀어
내는 힘이 작용한다.

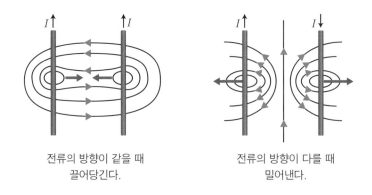

전류의 방향이 같을 때
끌어당긴다.

전류의 방향이 다를 때
밀어낸다.

두 도선 사이에서 작용하는 힘.

패러데이의 전자기 유도

코일에서 자기장이 변화하면
전류가 유도된다.

영국의 화학자이자 물리학자인 마이클 패러데이는 전류로부터 자기장이 형성되었다면 자기장으로부터 전기를 얻을 수 있을 것이라 생각했다.

여러 실험을 거쳐서 자기장이 변하면 전류가 발생한다는 사실을 알아낸 패러데이는 1831년 전자기 유도 법칙을 발표했다. 그는 전기장과 자기장

마이클 패러데이.

개념을 가지고 전자기 유도 현상을 설명했다.

패러데이의 자기력선과 전자기장 개념은 맥스웰의 전자기학 성

신용카드 속 IC회로.

마이크.

립에 영향을 주었고 현대 전자기기 문명의 기초법칙이 되었다.

패러데이의 전자기 유도 법칙은 발전기, 롤러코스터의 자기 브레이크, 일렉 기타, 신용카드 속 IC회로, 스마트폰, 도난방지용 보안문, 마이크 등 일상생활에서 다양하게 응용되고 있다.

일렉 기타.

스마트폰.

전자기 유도는 어떻게 확인해볼 수 있을까?

그림처럼 검류계와 연결한 코일 속에 자석을 넣었다 빼보자. 또 말굽 자석 속에 검류계와 연결된 코일을 넣고 돌려본다.

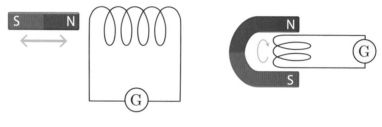

자석이 움직일 때
검류계의 바늘이 움직인다

코일이 회전할 때
검류계의 바늘이 움직인다

회로에는 전원이 없는데 자석이나 코일이 움직일 때 검류계의 바늘이 움직인다. 코일에 미치는 자기장이 변화하면서 전류가 유도된 것이다. 움직이는 속도를 빠르게 하면 검류계의 바늘이 더 크게 움직인다. 이를 통해 유도된 전류의 전압은 자기장의 변화 크기에 비례한다는 것을 알 수 있다.

이러한 원리를 통해 자석과 도선을 감은 코일로 만든 장치가 발전기이다. 자기장 속에서 코일이 회전하면서 전자기 유도 현

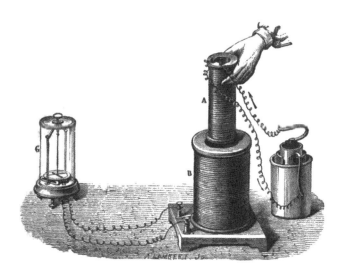

패러데이 전자기 유도 그림.
코일을 감아 만든 전자석을 다른 코일 속에 넣고 움직이면 전류가 발생한다.

상에 따라 전기를 만드는 구조이다. 발전기는 코일을 회전시키
는 터빈의 동력을 어디서 얻느냐에 따라 수력 발전, 화력 발전,
원자력 발전 등으로 나뉜다.

쿨롱의 법칙

대전된 두 전하 사이에 작용하는
정전기력은 두 전하 크기의 곱에 비례하고
두 전하 사이 거리의 제곱에 반비례한다.

$$F = k \times \frac{q_1 \times q_2}{r^2}$$

($q_1 q_2$는 두 대전체가 가진 전하량, r은 대전체 사이 거리,
k는 쿨롱 상수, F는 전기력)

쿨롱 Charles Augustin de Coulomb

쿨롱.

프랑스의 토목공학자이자 물리학자. 과학에 흥미가 많았던 그는 다양한 분야에서 많은 업적을 남겼으며 그중 가장 중요한 업적으로 꼽히는 것이 전기력에 대한 쿨롱의 법칙 발견이다. 이는 전기학의 발전에 큰 역할을 했으며 우리 주변의 자연현상을 이해할 수 있는 바탕이 되었다.

자연에 존재하는 네 가지 힘(중력, 전자기력, 강한상호작용, 약한상호작용) 중 강한상호작용과 약한상호작용은 우리 주위에서 일어나고 있는 자연현상과 직접적인 관계가 없다.

남은 두 힘 중 중력은 천체들의 운동을 지배하는 힘이며 반대로 전기력은 천체 사이에서는 작용하지 않지만 원자핵과 전자의 결합으로 원자가 만들어지는 과정, 원자들이 결합하여 분자를 형성하는 과정, 분자들이 모여 물체를 형성하는 과정 그리고 마찰력 등에서 모두 중요한 역할을 하고 있다. 따라서 전기력의 작용을 알아야 설명할 수 있는 자연현상이 많은 만큼 쿨롱의 법칙 발견은 과학사에 큰 기여를 하고 있다.

쿨롱이 전기와 자석과의 법칙을 알아내기 위해서 했던 실험은 비틀림저울 실험이다. 방법은 다음과 같다.

각각 전하량이 다르게 대전시킨 금속공을 준비한다. 한 금속공을 비틀림저울의 한쪽에 고정하고 다른 금속공을 외부에서 저울 안쪽으로 넣으면 둘 사이 힘에 따라 고정된 공이 움직이면서 이동한다. 이어서 공 사이 거리와 전하량을 다르게 하면서 금속공이 이동하는 거리를 측정한다.

두 공이 같은 종류의 전하로 대전되면 두 공이 멀어지는 쪽으로 움직이고 다른 종류의 전하로 대전되면 두 공이 가까워지는 쪽으로 움직인다. 두 전하 크기가 커질수록 공은 더 많이 움직이고 두 공 사이의 거리가 멀수록 공은 조금 움직인다.

프랑스의 물리학자 쿨

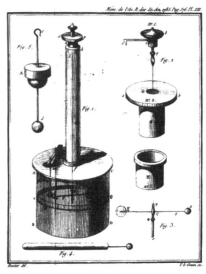

쿨롱이 고안한 전하 측정 실험 장치.

롱은 이 비틀림저울 실험을 통해서 두 전하 사이에서 작용하는 힘은 두 전하의 크기의 곱에 비례하고 거리의 제곱에 반비례한다는 사실을 발견했다. 쿨롱의 발견을 기념해 전하량을 측정하는 단위는 쿨롱(C)이라 한다.

자기력도 전기력처럼 인력과 척력이 존재한다. N극과 S극은 전기의 전하처럼 따로 존재하지는 않지만 두 자극이 충분히 떨어져있다고 가정했을 때 서로 다른 자석의 극 사이에 작용하는 힘도 두 자극의 크기의 곱에 비례하고 거리의 제곱에 반비

쿨롱의 비틀림저울 복원품.

례한다. 이것을 자기력에 대한 쿨롱의 법칙이라고 한다.

$$F = k \times \frac{m_1 \times m_2}{r^2}$$

($m_1 m_2$는 두 자극, r은 자극 사이 거리,
k는 자기력 상수, F는 자기력)

맥스웰 방정식

① 전하가 전기장을 만든다.

(전기장에 관한 가우스 법칙)

② 자석은 N극이나 S극이 따로 존재하지 않는다.

(자기장에 관한 가우스 법칙)

③ 전류가 흐르거나 전기장이 변하면 자기장이 생긴다. (앙페르 맥스웰 법칙)

④ 변화하는 자기장이 전기장을 만들 수 있다.

(패러데이 전자기 유도 법칙)

① 전기장에 관한 가우스 법칙

$$\nabla \cdot \vec{D} = \rho$$

② 자기장에 관한 가우스 법칙

$$\nabla \times \vec{B} = 0$$

③ 앙페르 맥스웰 법칙

$$\nabla \times \vec{H} = \vec{J} + \frac{\partial \vec{D}}{\partial t}$$

④ 패러데이 전자기 유도 법칙

$$\nabla \times \vec{E} = \vec{J} + \frac{\partial \vec{B}}{\partial t}$$

맥스웰 방정식은 그동안 여러 과학자들이 전기와 자기에 대해 연구한 법칙들을 맥스웰이 통합하여 정리한 방정식이다.

맥스웰.

미분식이나 적분식의 형태로 나타낼 수 있으며 8가지 방정식으로 정리되었던 것을 올리버 헤비사이드가 1881년 4가지로 재정리한 후 지금까지 계속 사용하고 있다.

독일의 물리학자 헤르츠는 1888년에 전자기파의 존재를 실험으로 증명했다. 전자기파의 송신기와 수신기를 설계하여 전자기파를 주고받는 실험에 성공했고 전자기파가 반사, 굴절, 편광의 성질을 가지고 있으며 간섭현상을 일으킨다는 사실도 확인했다. 이를 기념해 진동수의 단위를 헤르츠라고 부른다.

헤르츠의 발견은 우리의 삶의 질을 높이고 본격적인 전자의 세계에 발을 디딜 수 있도록 했다.

전자기파는 무선 통신 기술의 비약적 발전을 가져와 라디오와

텔레비전, 스마트폰, GPS, 인공위성을 실현시켰고 전자오븐을 비롯해 각종 가전제품의 발명을 가능하게 했다. 맥스웰의 방정식이 헤르츠의 전자기파 발견으로 이어져 인류의 삶을 바꾸고 있는 것이다.

전자오븐의 발명으로 식탁은 더 풍성해 졌다.

현대인의 삶에서 텔레비전이 차지하는 비중은 얼마나 될까?

인공위성은 수많은 것들을 가능하게 만들고 전 세계를 하나의 생활권으로 묶고 있다.

맥스웰은 전기장과 자기장이 공간을 따라 이동할 수 있으며 서로 수직한 방향으로 진동하는 횡파라는 것을 알게 되었다.

전기력과 자기력을 통합하여 전자기력이라 표현한 그는 전자기파의 존재를 예측하고 그 속도를 계산하여 전자기파의 속도가 빛의 속도와 같다는 사실을 발견했다. 그래서 빛도 전자기파의 일종이라고 생각했다. 이러한 맥스웰의 제안을 헤르츠의 실험이 증명했다.

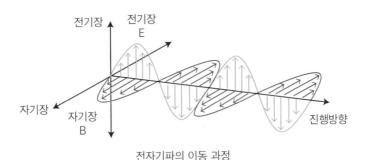

전자기파의 이동 과정

맥스웰의 방정식에 영향을 받은 아인슈타인은, 물리학은 맥스웰 이전과 이후로 나뉜다고 할 정도로 맥스웰을 높이 평가했다. 아인슈타인의 상대성이론에도 맥스웰의 방정식은 영향을 주었다.

로렌츠의 힘

전하량을 가지고 움직이는 입자는
로렌츠의 힘을 받는다.

$$F\text{전하를 띤 입자} = B \times q \times v$$

(F는 로렌츠의 힘, q는 전하량,
v는 입자의 속도, B는 자기장의 세기)

네덜란드의 물리학자인 헨드리크 로렌츠는 패러데이가 전자기 유도 법칙에서 발견해낸 힘을 설명하는 식을 찾아냈다. 이는 전하량을 가진 입자가 전기장이나 자기장에서 받는 힘의 공식으로, 이 힘을 로렌츠의 힘이라고 한다.

로렌츠는 마이컬슨과 몰리의 실험 결과를 설명하기 위해 물체가

헨드리크 로렌츠.

빨리 달리면 달리는 방향으로 길이가 줄어든다고 주장했다. 그런데 피츠제럴드도 같은 생각을 했기 때문에 이를 로렌츠-피츠제럴드 수축이라 한다.

로렌츠는 길이의 변화에 시간의 변화까지 더해서 다시 변환식을 만들었다.

아인슈타인은 이 로렌츠 변환식을 이용하여 특수 상대성이론을 설명했다.

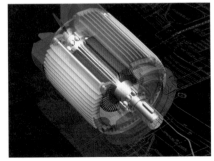

모터.

로렌츠의 힘을 응용해 우리 삶에 가장 가깝게 이용되는 부분은 모터와 모터를 이용한 여러 기기들이다.

　속도와 기동성을 가능하게 해주는 여러 탈 것과 가전제품들 중 모터를 활용한 것들은 모두 이에 해당된다.

모터를 이용한 오토바이.

모터를 이용한 보트.

로렌츠의 힘은 어떻게 확인해 볼 수 있을까?

코일을 감아 한쪽은 피복을 반만 벗기고 다른 쪽은 전부 벗긴다. 코일을 지지대에 넣고 전류를 흐르게 한다. 여기에 자석을 갖다 댄다. 계속해서 전류의 세기를 다르게 해본다.

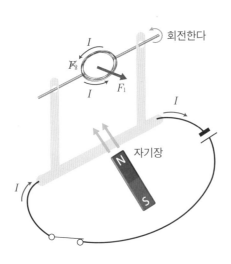

전류가 흐르면 코일은 회전을 한다. 전류의 세기가 세지면 코일의 회전은 더 빨라진다. 코일이 움직이는 이유는 자기장 내에서 전류가 흐르는 도선에 힘이 작용하기 때문이다. 자기장에서 움직이는 입자에 작용하는 힘이 로렌츠의 힘이다. 이 힘은 전류의 세기에 비례한다는 것을 알 수 있다. 플레밍의 왼손 법칙에 따라 힘의 방향도 확인할 수 있다.

플레밍의 왼손 법칙은 왼손 엄지와 검지, 중지를 서로 직각이 되게 폈을 때 검지로 자기장의 방향, 중지로 전류의 방향을 가리켰을 때 엄지의 방향으로 힘이 작용한다는 것이다.

피복을 반만 벗겼기 때문에 코일 아래쪽으로 전류가 흐를 때는 로렌츠의 힘이 작용하고 피복이 안 벗겨진 부분이 지지대에 닿을 때는 전류가 흐르지 않기 때문에 힘이 작용하지 않는다. 그래서 코일은 한 방향으로만 회전한다. 이때 도선에 전류가 흐른다는 것은 전자가 이동한다는 것을 의미한다.

컴퓨터 화면 가까이 자석을 갖다 대보면 화면이 찌그러지는 것을 볼 수 있다. 자석을 멀리 떨어뜨리면 원래대로 화면이 돌아온다. 자석의 자기장에 의해 도선 내를 움직이고 있는 전자의 궤도가 바뀌기 때문이다.

로렌츠의 힘은 도선을 흐르는 전류와 자기장, 도선의 길이에 비례한다. 전류와 자기장에 수직인 이 힘은 전류와 자기장이 직각으로 놓여 있을 때 가장 강하다.

아인슈타인의 광양자설

빛은 에너지를 가진 입자의 흐름이다.

$$E = h\nu$$

선 세계에서 가장 유명한 과학자 중 한 명이 아인슈타인일 것이다. 그리고 그를 대표하는 발견은 상대성이론이다. 하지만 아인슈타인에게 노벨물리학상을 안겨준 것은 광양자설이다.

아인슈타인은 1921년 이 광양자설 연구로 노벨 물리학상을 수상했다. 그리고 그의 연구와 플랑크의 흑체 복사 연구가 합

아인슈타인.

쳐지면서 양자역학의 시대가 열렸다.

뒤를 이어 1924년 드브로이는 빛이 입자이면서 파동이면 다른 입자인 물체도 파동성을 가질 수 있다고 제안하고 물질파 이론을 세웠다.

광전효과는 우리 삶을 다방면으로 바꾸었다. 태양전지, 광다이오드(포토다이오드), 영상센서, 복사기나 레이저 프린터 등의 전자장치를 만들게 되었으며 일상생활에서의 광전효과도 알게 되었다.

햇빛을 받으면 금방 피부가 타지만 난로 불빛은 아무리 받아도 피부가 타지 않는다. 왜냐하면 햇빛에는 진동수가 큰 자외선이 많이 있고 난로불빛에는 진동수가 작은 적외선이 많기 때문이다. 자외선을 받은 피부에서 전자가 튕겨 나오면서 일어나는 화학반응으로 피부가 타는 것이다. 식물의 엽록체에 빛을 쏘여도 광전효과가 생겨 광합성이 일어난다.

레이저 프린터도 광전효과를 이용한 기기이다.

대부분의 식물들에게 광합성은 중요하다.

태양전지를 이용해 에코에너지를 사용하는 곳들이 늘고 있다.

광전효과를 확인할 수 있는 실험은 다음과 같다.

고리 모양 양극와 표면이 넓은 음극이 떨어져 마주 보고 있는 광전관에 빛을 비춘다. 빛의 세기와 색(진동수)를 바꾸면서 튀어나오는 전자의 수와 전자의 에너지 변화를 살펴본다.

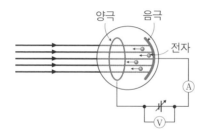

빛에너지를 받은 음극에서 전자가 튀어나와 양극으로 이동하면서 전류가 흐른다.

이것은 광전효과 실험으로 금속에 진동수가 큰 빛을 쬐면 전자가 튕겨 나오는 현상이다. 일정 진동수 이상의 빛에서만 전자가 튕겨 나오며 빛을 세게 하면 튕겨 나가는 전자의 수가 증가하지만 전자 1개의 에너지는 변화가 없다.

빛의 진동수를 크게 하면 튕겨 나가는 전자의 수는 변함이 없고 전자 1개의 에너지가 커진다.

만약 빛이 파동이라면 빛을 밝게 하면 튕겨 나가는 전자의 에너지가 커져야 한다. 진동수가 커져도 에너지는 변함이 없어야 한다. 파동으로는 이 결과가 설명되지 않지만 빛을 입자라고 생각하면 이 결과가 설명이 된다.

빛의 세기는 빛의 입자 수가 많은 것이므로 빛의 세기가 세면 튕겨 나오는 전자의 수는 증가하고 에너지는 변하지 않는다. 빛의 진동수를 크게 하면 빛의 입자가 세게 부딪히는 것이므로 튕겨 나오는 전자의 에너지도 커진다.

금속 표면의 전자는
빛의 파동에너지를 흡수하여 튕겨 나간다.

빛을 파동이라고 생각했을 때의 광전효과

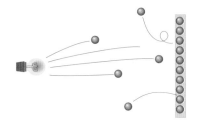

빛 입자가 튕겨 나와 물질 표면의
전자에 부딪친다.
그 충격으로 전자가 튕겨 나온다.

빛을 입자라고 생각했을 때의 광전효과

이 광전효과 실험을 통해 아인슈타인은 빛이 에너지를 가진 입자라는 자신의 가설이 맞다는 것을 증명했다.

그리고 1923년 미국의 물리학자 콤프턴이 엑스선의 산란 실험에서 산란된 엑스선의 진동수가 원래 진동수보다 더 작다는 사실을 빛의 입자로 설명하면서 빛이 질량과 운동량을 가진 입자임을 실험적으로 증명했다. 이로써 빛은 입자이면서 파동이기도 하다는 사실이 증명되었다.

49

하이젠베르크의
불확정성 원리

광자나 전자 같은 입자의 위치와 운동량을
동시에 정확히 측정할 수 없다.

$$\Delta x \times \Delta p_x \geq \frac{h}{4 \times \pi}$$

독일의 물리학자인 베르너 하이젠베르크는 광자, 전자 같은 입자들의 위치와 운동량을 동시에 정확히 알 수 없다는 불확정성 원리를 식으로 나타내었다. 위치와 운동량 대신에 에너지와 시간에도 이 불확정성 원리가 성립한다.

베르너 하이젠베르크.

미시세계에서의 전자나 광자 같은 양자의 움직임은 우리 주변에서 볼 수 있는 사물들과는 다른 성질을 지닌다. 이렇게 고전 물리학으로는 설명이 되지 않는 물질 세계의 구성 요소인 원자, 분자 등에 대한 연구가 양자역학이다.

하이젠베르크의 불확정성 원리를 확인하는 방법은 다음과 같다.

빛을 세로로 긴 슬릿에 통과시켜보자. 스크린에 슬릿 모양의 무늬가 비춘다. 슬릿을 점점 가늘게 만들어보면서 스크린에 비추는 무늬를 살펴본다.

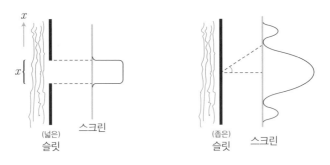

슬릿에 비춘 무늬는 빛덩어리이다. 빛입자의 위치를 정확히 알고 싶어서 슬릿을 좁혀 보면 오히려 빛이 더 퍼져 보인다. 회절무늬가 나타난 것이다. 입자가 지닌 파동성 때문이다. 위치를 정확히 알려고 하면 입자의 운동량을 정확히 알 수가 없다. 입자의 운동량을 정확히 알고 싶으면 슬릿을 넓혀야 한다. 대신 입자의 위치는 정확히 알 수가 없다. 위치와 운동량을 동시에 정확히 측정할 수가 없는 것이다. 왜냐하면 입자들은 입자성과 파동성을 함께 지니고 있기 때문이다.

원자에서 전자의 존재를 확인하기 위해서는 빛을 쏘여야 한다. 원자에게 파장이 긴 약한 빛을 쏘이면 전자의 움직임이 빠르지 않아서 전자의 움직임은 잡아낼 수 있지만 정확한 위치가 희미해서 일 수가 없다. 파장이 짧은 센 빛을 쏘이면 전자는 보이지만 전자가 너무 빠르게 움직인다. 즉 전자의 위치와 운동량을 동시에 정확하게 잴 수가 없다.

슈뢰딩거 방정식

특정한 조건에서
전자 같은 입자의 상태를 나타내는
파동함수를 구할 수 있는 방정식

시간에 독립적인 1차원 슈뢰딩거 방정식

$$-\frac{\hbar^2}{2m}\nabla^2\Psi + V\Psi = E\Psi$$

(Ψ는 파동함수, m은 질량, $\hbar$는 플랑크 상수$/2\pi$
V는 퍼텐셜에너지, E는 역학적에너지.)

슈뢰딩거.

슈뢰닝서는 1933년에 양사역학에 파동방정식을 도입한 업적을 인정받아 노벨물리학상을 받았다.

슈뢰딩거 방정식은 원자현미경의 원리, 원자력 발전과 원자핵을 이용하는 에너지 분야에서 많이 사용된다.

현재 친환경 자동차로 연구되고 있는 수소차도 수소의 원자핵을 이용한 것이다.

수소차와 수소 연료 충전소.

원자현미경.

슈뢰딩거의 방정식이 발견되기 전까지 당시 과학자들은 이중 슬릿 실험과 광전효과 실험을 통해서 빛이 파동성과 입자성을 갖는다는 사실을 알아냈다.

드브로이는 빛이 이중성을 가진다면 물체도 파동성을 가질 수 있다고 생각해서 전자도 파동성을 가진다고 생각했다. 이와 같이 전자 같은 입자가 가지는 파동을 물질파라고 한다.

1926년 오스트리아의 물리학자인 에르빈 슈뢰딩거는 전자가 파동의 형태로 움직일 때 그 파동함수를 구하는 방정식을 만들었다. 이 방정식을 통해서 물질이 갖는 파동의 성질을 실험하지 않고도 예측하고 수학적으로 계산할 수 있게 되었다.

이 방정식을 풀면 특정한 위치에서 전자를 발견할 확률을 나타내는 파동함수를 구할 수 있다.

슈뢰딩거 방정식의 해는 특정 조건을 대입해서 풀었을 때 하나가 아니라 여러 개가 나온다. 전자가 움직이면서 에너지 상태가 바뀌기 때문에 여러 가지 에너지를 가지는 여러 개의 파동함수로 나타나는 것이다.

수소 원자와 다른 원자들에 대하여 구해진 슈뢰딩거 방정식의 해는 실험을 통해서도 검증되었다. 특정한 에너지 준위에 있는 전자가 원자의 각 지점에서 발견될 확률은 확률 구름으로 표현이 되어 원자 내의 전자 궤도를 나타낼 수 있다.

독일의 막스 보른은 파동방정식을 전자가 에너지 값을 가질 확률로 해석했고 이 확률함수 해석은 여러 가지 실험 결과와 일지했다. 하지만 슈뢰닝거는 확률해석을 받아들이시 않았고 양자역학의 문제점을 비판했는데 그 예가 '슈뢰딩거의 고양이 역설'이다.

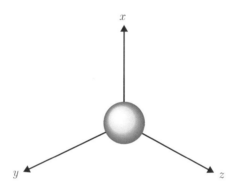

찾아보기

참고 서적

누구나 물리 게르트 브라우네 지음 | 정인회 옮김

누구나 화학 위르겐 블레커 지음 | 정인회, 전창림 옮김

한 권으로 끝내는 물리 폴 지체비츠 지음 | 곽영직 옮김

한 권으로 끝내는 화학 이안 스튜어트, 저스틴 P. 로몬트 지음 | 곽영직 옮김

수학으로 배우는 양자역학의 법칙 Transnational College of LEX 지음 | 강현정 옮김

한 권으로 끝내는 중학 과학 김용희 지음

이미지 저작권

표지 www.utoimage.com, www.freepik.com, pixabay.com,
www.freeqration.com, www.pakutaso.com, photo-ac.com/ko,
pxhere.com, www.pixel.com, www.rgbstock.com,
morguefile.com, unsplash.com